JN100071

今すぐ使える **かんたん**

インターネット &メール

Windows 10 対応版

改訂3版

Imasugu Tsukaeru Kantan Series : Internet & E-mail for Windows 10

技術評論社

本書の使い方

- 画面の手順解説だけを読めば、操作できるようになる！
- もっと詳しく知りたい人は、両端の「側注」を読んで納得！
- これだけは覚えておきたい機能を厳選して紹介！

特長 1

機能ごとに
まとまっているので、
「やりたいこと」が
すぐに見つかる！

● 基本操作

赤い矢印の部分だけを読んで、
パソコンを操作すれば、
難しいことはわからなくても、
あっという間に操作できる！

Section 07 Webページを検索する

覚えておきたいキー
検索

インターネット上にあるたくさんのWebページの中から目的の情報を探すには、Webページを検索します。Webページを検索する方法には、検索ボックスまたはアドレスバーを使う方法と、Yahoo! JAPANやGoogleなどの検索サイトを利用する方法があります。ここでは前者の方法を解説します。

検索ボックスで検索する

キーワード Bing

「Bing（ビング）」は、マイクロソフト社が開発する検索エンジンです。Edgeの「スタートページ」には、上部に検索ボックスが表示されています。検索ボックスにキーワードを入力すると、Bingを使ってWebページが検索されます。

メモ オートコンプリート機能

ックスやアドレスバー（P.37参照）にードを入力すると、入力したことのあるよく一緒に使われるキーワードが入して自動的に表示されます。これらックリックすると、そのまま検索できます。この機能を「オートコンプリート機能」といいます。オートコンプリート機能を利用すると、検索したい文字の入力を省略できます。

入力したことのある文字の一部を入力すると候補が表示されます。

1 Edgeを起動すると、「スタートページ」が表示されます。

2 検索ボックスにキーワードを入力して、

3 Enterキーを押すと、

4 検索結果が表示されます。

5 検索結果の見出しをクリックすると、

ネットを使おう

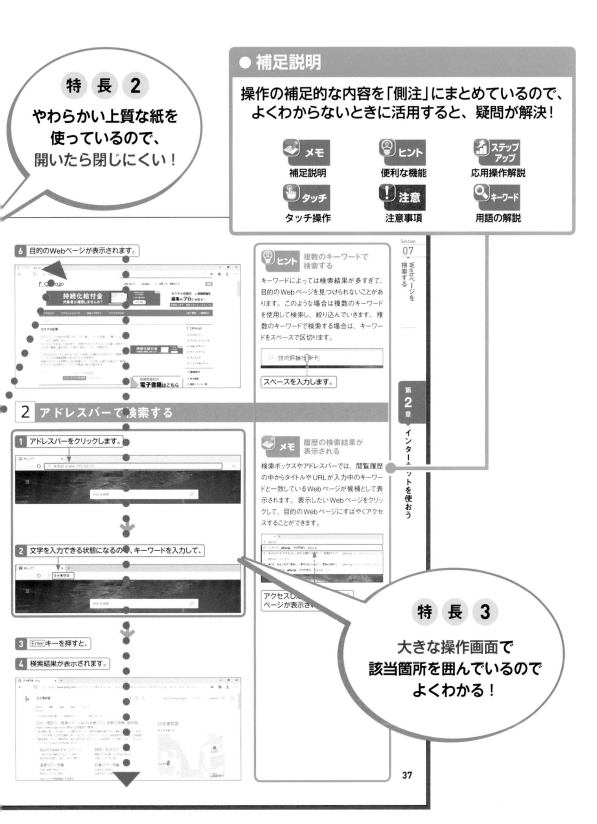

特　長　**2**

やわらかい上質な紙を
使っているので、
開いたら閉じにくい！

● 補足説明

操作の補足的な内容を「側注」にまとめているので、
よくわからないときに活用すると、疑問が解決！

メモ
補足説明

ヒント
便利な機能

**ステップ
アップ**
応用操作解説

タッチ
タッチ操作

注意
注意事項

キーワード
用語の解説

---

6 目的のWebページが表示されます。

ヒント 複数のキーワードで検索する

キーワードによっては検索結果が多すぎて、目的のWebページを見つけられないことがあります。このような場合は複数のキーワードを使用して検索し、絞り込んでいきます。複数のキーワードで検索する場合は、キーワードをスペースで区切ります。

技術評論社 新刊

スペースを入力します。

2 アドレスバーで検索する

1 アドレスバーをクリックします。

メモ 履歴の検索結果が表示される

検索ボックスやアドレスバーでは、閲覧履歴の中からタイトルやURLが入力中のキーワードと一致しているWebページが候補として表示されます。表示したいWebページをクリックして、目的のWebページにすばやくアクセスすることができます。

2 文字を入力できる状態になるので、キーワードを入力して、

アクセスし〔た〕
ページが表示さ〔れ〕

特　長　**3**

大きな操作画面で
該当箇所を囲んでいるので
よくわかる！

3 Enterキーを押すと、

4 検索結果が表示されます。

目次

目次

第 4 章 ネットショッピングを活用しよう

目次

目次

第 7 章　困ったときの解決法

目次

11

パソコンの基本操作

- ●本書の解説は、基本的にマウスを使って操作することを前提としています。
- ●お使いのパソコンのタッチパッド、タッチ対応モニターを使って操作する場合は、各操作を次のように読み替えてください。

1 マウス操作

▼ クリック (左クリック)

クリック (左クリック) の操作は、画面上にある要素やメニューの項目を選択したり、ボタンを押したりする際に使います。

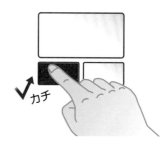

マウスの左ボタンを1回押します。

タッチパッドの左ボタン (機種によっては左下の領域) を1回押します。

▼ 右クリック

右クリックの操作は、操作対象に関する特別なメニューを表示する場合などに使います。

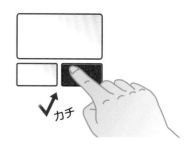

マウスの右ボタンを1回押します。

タッチパッドの右ボタン (機種によっては右下の領域) を1回押します。

Basic operation

▼ ダブルクリック

ダブルクリックの操作は、各種アプリを起動したり、ファイルやフォルダーなどを開く際に使います。

マウスの左ボタンをすばやく2回押します。

タッチパッドの左ボタン（機種によっては左下の領域）をすばやく2回押します。

▼ ドラッグ

ドラッグの操作は、画面上の操作対象を別の場所に移動したり、操作対象のサイズを変更する際などに使います。

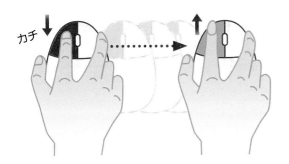

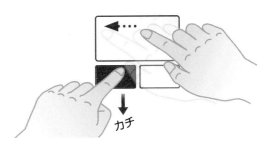

マウスの左ボタンを押したまま、マウスを動かします。目的の操作が完了したら、左ボタンから指を離します。

タッチパッドの左ボタン（機種によっては左下の領域）を押したまま、タッチパッドを指でなぞります。目的の操作が完了したら、左ボタンから指を離します。

 **メモ　ホイールの使い方**

ほとんどのマウスには、左ボタンと右ボタンの間にホイールが付いています。ホイールを上下に回転させると、Webページなどの画面を上下にスクロールすることができます。そのほかにも、[Ctrl]を押しながらホイールを回転させると、画面を拡大・縮小したり、フォルダーのアイコンの大きさを変えることができ、[Shift]を押しながらホイールを回転させると画面を左右にスクロールすることができます。

2 利用する主なキー

▼ 半角／全角キー

半角／全角／漢字 日本語入力と英語入力を切り替えます。

▼ ファンクションキー

F1 ～ F12 12個のキーには、ソフトごとによく使う機能が登録されています。

▼ デリートキー

Delete 文字を消すときに使います。「del」と表示されている場合があります。

▼ 文字キー

文字を入力します。

▼ バックスペースキー

Back Space 入力位置を示すポインターの直前の文字を1文字削除します。

▼ エンターキー

Enter 変換した文字を決定するときや、改行するときに使います。

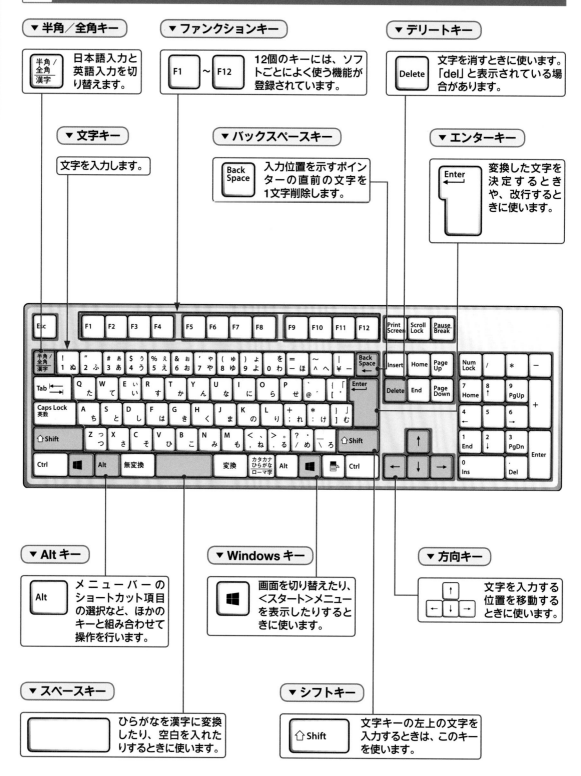

▼ Alt キー

Alt メニューバーのショートカット項目の選択など、ほかのキーと組み合わせて操作を行います。

▼ Windows キー

画面を切り替えたり、〈スタート〉メニューを表示したりするときに使います。

▼ 方向キー

文字を入力する位置を移動するときに使います。

▼ スペースキー

ひらがなを漢字に変換したり、空白を入れたりするときに使います。

▼ シフトキー

Shift 文字キーの左上の文字を入力するときは、このキーを使います。

3 タッチ操作

▼ タップ

トン

画面に触れてすぐ離す操作です。ファイルなど何かを選択する時や、決定を行う場合に使用します。マウスでのクリックに当たります。

▼ ダブルタップ

トントン

タップを2回繰り返す操作です。各種アプリを起動したり、ファイルやフォルダーなどを開く際に使用します。マウスでのダブルクリックに当たります。

▼ ホールド

画面に触れたまま長押しする操作です。詳細情報を表示するほか、状況に応じたメニューが開きます。マウスでの右クリックに当たります。

▼ ドラッグ

操作対象をホールドしたまま、画面の上を指でなぞり上下左右に移動します。目的の操作が完了したら、画面から指を離します。

▼ スワイプ／スライド

画面の上を指でなぞる操作です。ページのスクロールなどで使用します。

▼ フリック

画面を指で軽く払う操作です。スワイプと混同しやすいので注意しましょう。

▼ ピンチイン／ピンチアウト

2本の指で対象に触れたまま指を広げたり狭めたりする操作です。拡大／縮小を行う際に使用します。

▼ 回転

2本の指先を対象の上に置き、そのまま両方の指で同時に右または左方向に回転させる操作です。

Chapter 01

第1章

インターネットの基本を知ろう

Section 01 インターネットのしくみを理解する

「インターネット」は、世界中のコンピューターやコンピューターネットワークを相互に接続しあうためのしくみです。インターネットを利用すると、日本国内はもとより、海外の人と通信したり、世界中に情報を発信したり、情報を収集したりといったことが簡単に行えます。

1 インターネットとは？

メモ インターネットを利用する

パソコンをインターネットに接続すると、「さまざまな情報を検索・閲覧する」「映像や音楽、ショッピングを楽しむ」「ブログやSNSなどを通じて世界中の人々と交流する」ことができます。

メモ インターネットする？

WebページをWebブラウザーで閲覧することを「インターネットを使う」や「ネットサーフィンする」ということがあります。「インターネットを使う」という表現はやや正確さに欠けますが広く使われています。正確には「Webブラウジング」などと呼ばれますが、この用語はまだまだ広まっていません。

キーワード ネットワーク

「ネットワーク（コンピューターネットワーク）」とは、コンピューターで情報をやりとりするための通信網のことです。たとえば、家庭内でネットワークを構築すると、接続しあったパソコンどうしでファイルや周辺機器などを共有することができます。

「インターネット」とは、コンピューターネットワークどうしを世界規模で接続しあった巨大なネットワークです。インターネットを利用するには、インターネット接続業者であるプロバイダーと契約をする必要があります。

ネットワークが相互に接続しあうことで、世界中のコンピューターがつながります。

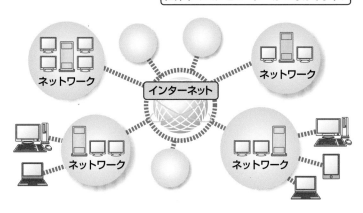

インターネット利用までの流れ

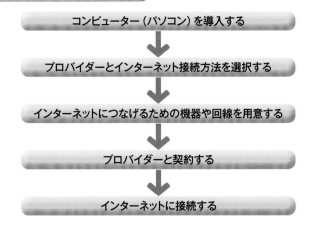

- コンピューター（パソコン）を導入する
- プロバイダーとインターネット接続方法を選択する
- インターネットにつなげるための機器や回線を用意する
- プロバイダーと契約する
- インターネットに接続する

2 インターネットを利用するアプリ

Microsoft Edge

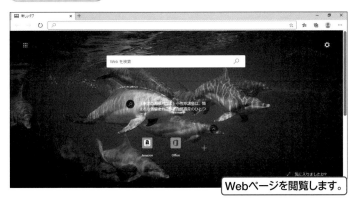

Webページを閲覧します。

🔍 **キーワード** **Webブラウザー**

Webページを見るためのアプリを「Webブラウザー」（あるいは、単に「ブラウザー」）といいます。代表的なものとして、マイクロソフト社のMicrosoft Edge、グーグル社のGoogle Chrome、アップル社のSafariなどがあります。本書では、Windows 10に標準で搭載されるMicrosoft Edgeを主に利用します。

「メール」アプリ

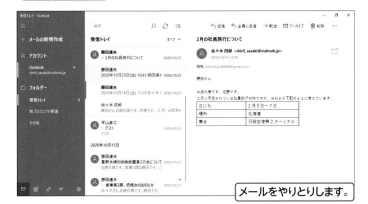

メールをやりとりします。

🔍 **キーワード** **メールアプリ**

インターネットでメールのやり取りを行うには、メールアプリが必要です。メールによっては、Webブラウザーでやり取りできるものもあります。Windows 10には、メールの送受信に特化した「メール」アプリが標準で搭載されています。

そのほかのアプリ

インターネットを介して最新の天気やニュースを取得できます。

🖌 **メモ** **天気予報やニュース専用のアプリもある**

インターネットを利用するアプリには、Webブラウザーやメールアプリのほか、「天気」アプリや「ニュース」アプリなど、特定の情報に特化したアプリもあります。

3 インターネットの接続形態

 メモ インターネットへの接続方法を選択する

インターネットへの接続にはさまざまな方法がありますが、それぞれに利点と欠点があります。また、お住まいの地域や居住形態によっても利用できる方法が異なりますので、自分にいちばん合った接続方法を選びましょう。

インターネットの接続は、家庭や職場のような固定回線がある場所では電話回線や光ファイバーを通じて行われるのが一般的です。また、同じ回線の中でも何種類かの接続方法があり、それぞれ特徴が異なります。

インターネットへの接続方法

接続方法	最大通信速度	家庭での利用度	特　徴
光ファイバー（FTTH、光回線）	10Gbps	◎	動画配信など、大容量のデータ通信が利用できる。
CATV	320Mbps	○	CATVサービスなどと同時に利用できる。
ADSL	50Mbps	○	電話局（交換機）が遠い場所にある場合、通信速度が低下する。
ISDN	128Kbps	△	ADSLが使用できない地域などで代替回線として利用されることが多い。
ダイアルアップ	56Kbps	△	電話回線があれば、通信品質が悪くない限り世界中どこでも利用できる。

※通信速度の上限はサービスの提供会社やプランによって異なります。

 ヒント 最大通信速度とは？

「最大通信速度」とは、インターネットへ接続してデータ通信を行う場合の、理論上の最大値（ベストエフォート）です。実際の通信速度はそれよりも低くなるので注意が必要です。右に挙げたのはその一例で、契約内容によっても変わってきます。
なお、単位の「bps」は「ビット・パー・セコンド」の略で、1秒間にどれだけのデータ通信ができるかを表しています。右表の中では光ファイバーが最も多く通信できます。

ノートパソコンやタブレット、モバイルノートなど、持ち運びができる端末を使って、外出先でインターネットを利用するには、「モバイル通信」サービスを利用します。モバイル通信にも方式や機器の違いがあります。

おもなモバイル接続に利用される通信方式

接続の種類	特徴
5G／4G／LTE／3G	モバイルルーターや、スマートフォンをモバイルルーターの代わりに使う「テザリング」機能で利用されている。携帯電話で広く利用される通信網を使うので、多くの地域で利用できる。
WiMAX	主にモバイルルーターで利用される。
公衆無線LAN	駅、空港、ホテル、飲食店などで提供されているサービス。機器を持ち運ぶのではなく、施設の機器を使うため利用できる場所は限られている。事前の契約が必要な場合が多い。

ヒント モバイル通信を利用するには？

モバイル通信を利用するには、接続機器を購入し、それぞれの通信事業者に申し込みをします。申し込みが完了したら、データ通信カードや通信アダプター、データ通信ケーブルなど、それぞれのサービスに対応する機器をパソコンに接続し、必要な設定をすると、すぐにインターネットを始められます。外出先での利用が多いようであれば、活用するとよいでしょう。
モバイル通信には、モバイルルーターを使う、テザリング機能を使う、公衆無線LANを使うといった方法があります。無線LANについてはSec.02で詳しく解説します。

4 主流のインターネット接続

短時間に大容量のデータ通信を行うことができる接続方法を「ブロードバンド」というのに対し、通信速度が遅く、小容量のデータ通信しかできない接続方法を「ナローバンド」といいます。現在は常にインターネットと接続して、高速にやりとりを行えるブロードバンドが主流となっています。

ナローバンド

利用時に接続します。
インターネット
大量のデータは伝送できません。

ブロードバンド

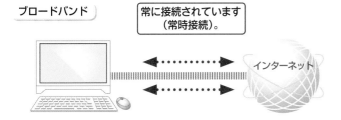

常に接続されています
（常時接続）。
インターネット
大量のデータもスムーズに伝送できます。

🔍 キーワード **ブロードバンドとナローバンド**

一般にADSLや光ファイバー、CATV回線などの高速な回線を「ブロードバンド」、ダイアルアップIP接続やISDN接続の低速の回線を「ナローバンド」と呼びます。現在、ナローバンドは特殊な用途に使用されているものを除いて、減少傾向にあります。

✍ メモ **接続方式の広がり**

従来、インターネットへの接続は、ケーブルを使った有線接続が主流でした。近年では、iPhoneやAndroidスマートフォンをはじめ、携帯ゲーム機やデジタル家電などの普及に伴い、無線LANの利用も増えています。

5 インターネットの料金体系

接続形態を選ぶ際には、料金体系についても決める必要があります。料金体系には、利用した分を支払う従量制と、毎月一定額を支払う定額制がありますが、現在では定額制が主流となっています。

✍ メモ **定額制ブロードバンドが主流**

最近のインターネット接続形態は、大容量のデータ通信が短時間で行えるブロードバンド（高速通信）が主流で、ほとんどの場合は料金体系も定額制で提供されています。ただし、通信量に応じて制限を課したり、従量制でサービスを提供している場合もあるので利用開始前に確認しておきましょう。

料金体系

体系	解　説
従量制	インターネットへの接続時間や実際にやりとりをしたデータ量に応じた料金体系。接続時間が長い、またはより多くのデータを通信するほど料金は高くなる。常に接続しているわけではないが、必要に応じてインターネットを利用する、という使い方に向いている。
定額制	インターネットへの接続時間や実際にやりとりをしたデータ量に関係なく、毎月一定額を支払う料金体系。長時間利用には向いているが、あまり利用しない場合は割高になる。また、完全な定額制のもののほかに、最低料金と上限料金が設定されている2段階のものなどがある。

Section 02 インターネットに接続する

覚えておきたいキーワード
☑ インターネット
☑ 有線で接続
☑ 無線で接続

プロバイダーへの加入や回線終端装置の設置が完了したら、インターネットに接続します。有線の場合は、回線終端装置を設置し、LANケーブルをパソコンに接続すれば、インターネットに接続します。無線の場合は、無線アクセスポイントに合わせた設定を行います。

1 有線でインターネットに接続する

 メモ 有線LANに接続する

プロバイダーに加入し、回線終端装置を設置すると、インターネットに接続されます。インターネットに接続しているかどうかを調べるには、Webブラウザーを起動し、Webページが表示されるかどうかを確認します。Webページが表示されない場合は、P.25のメモを参照してください。

有線LANと無線LANの違い

有線LANはLANケーブルなどのケーブルで、無線LANは電波でパソコンや通信機器を接続する方法です。
有線LANは無線LANに比べ、「通信が安定している」「設定が簡単」などのメリットがあります。一方で、「ケーブルが届かない範囲に移動できない」などのデメリットもあります。
無線LANは有線LANに比べ、「ケーブルがないため移動が簡単」などのメリットがあります。ただし、「通信速度が不安定」「設定が面倒」などのデメリットもあります。

光ファイバーの場合を解説しています。

1 光コンセントに光ケーブルで接続して、

2 ONUにLANケーブルを接続し、

3 パソコンとONUをLANケーブルで接続します。

2 無線でインターネットに接続する

無線で接続する場合

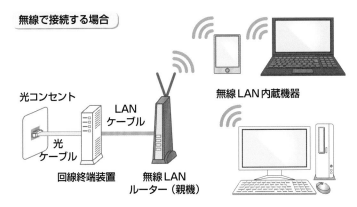

光コンセント

LANケーブル

無線LAN内蔵機器

光ケーブル

回線終端装置 無線LANルーター（親機）

無線LANルーターの準備を済ませておきます（右上段のメモ参照）。

メモ 無線LANに接続する

家庭内のパソコンを無線LANに接続するには、回線終端装置と無線LANアクセスポイント（無線LANルーター）が必要です。また、パソコンにも無線LAN機能が内蔵されている必要があります。内蔵されていない場合は、無線LANアダプターを別途用意します。
機器を接続して、それぞれの電源をオンにしたら、利用するパソコンで無線LANアクセスポイントに合わせた設定を行います。設定の前に、無線LANアクセスポイント名（SSID）とセキュリティキー（パスワード）を確認しておきましょう。

1 <ネットワーク>をクリックして、

2 接続したいアクセスポイント名をクリックし、

キーワード SSID

「SSID」とは、アクセスポイントの名前のことです。無線LANは電波を使って通信するため、有線LANと違って複数のアクセスポイントと通信できます。そのため、SSIDを設定することで、特定のアクセスポイントと通信することができます。

3 <接続>をクリックします。

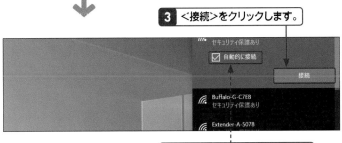

キーワード Wi-Fi

Wi-Fi（ワイファイ）とは、「IEEE802.11」という無線LANの標準規格に対応した製品のブランド名です。無線LANの普及とともにIEEE802.11対応製品も増えたため、現在では、無線LANのことを同義的にWi-Fiと呼んでいます。

必要に応じて<自動的に接続>をクリックしてチェックを付けます。

メモ　無線でのインターネットへの接続を解除する

無線でのインターネットへの接続を解除するには、＜ネットワーク＞をクリックして一覧を表示し、接続中のアクセスポイントに表示されている＜切断＞をクリックします。

＜切断＞をクリックします。

 キーワード　セキュリティキー

「セキュリティキー」とは、アクセスポイントに接続するためのパスワードのことです。セキュリティキーについては、アクセスポイントのマニュアルやネットワーク管理者に確認してください。

 メモ　パソコンの検索の可否を設定する

手順⑦では、使用中のパソコンに、同じネットワーク上のほかのパソコンから検索して接続できるようにするかどうかを選択します。＜はい＞をクリックすると、ほかのパソコンから検索して接続できるようになります。
自宅や職場などのネットワークでは＜はい＞を、外出先のネットワークなどでは＜いいえ＞をクリックすることをお勧めします。

---

4 PINを入力して＜次へ＞をクリックするか、＜セキュリティキーを使用して接続＞をクリックします。

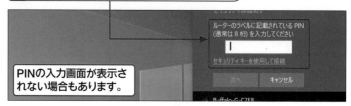

PINの入力画面が表示されない場合もあります。

5 セキュリティキーを入力して、

ネットワークの設定によっては、セキュリティキーの入力をしなくても無線LANに接続することがあります。

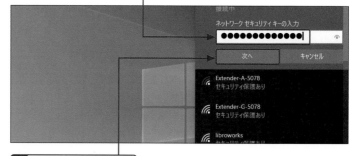

6 ＜次へ＞をクリックし、

7 ＜はい＞または＜いいえ＞をクリックすると、

8 無線LANに接続します。

3 インターネットに接続できない場合

1 インターネットに接続できないときは、ネットワークのアイコンからネットワークの状態を確認できます（下表参照）。

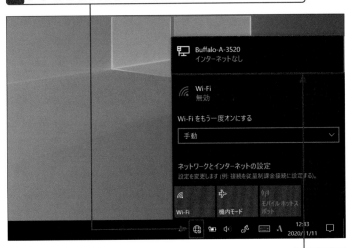

2 アイコンをクリックすると、

3 詳細な情報を確認できます。

アイコン	意味	解説
⊒	有線で接続中	有線LANでインターネットに接続しています。
🛜	無線で接続中	無線LANでインターネットに接続しています。
🌐	インターネットに接続できない	「ケーブルがつながっていない」「ネットワークアドレスが取得できない」などの原因でインターネットに接続できない状態です。

1 「設定」アプリの＜ネットワークとインターネット＞を開き、状態を確認します。

2 ＜トラブルシューティング＞より、トラブルの原因や対処方法を調べることができます。

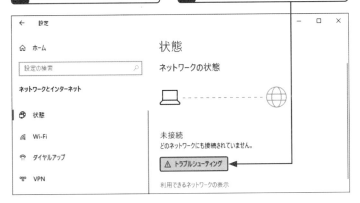

📝 メモ インターネットに接続できない？

インターネットに接続できない原因はさまざまです。ここでは、主な解決方法を紹介します。

● **機器の電源と接続チェック**
回線終端装置やルーターの電源が入っているかどうか、コンセントはきちんとつながっているか確認します。また、電源が入っている場合も、ルーターなどの電源を一度切り、4〜5分待ってから再起動してみます。

● **パソコンを再起動する**
パソコンになんらかの不具合が発生している可能性があります。まずはパソコンを再起動してみることが効果的です。

● **ケーブルを確認する**
有線 LAN の場合は、LAN ケーブルがきちんとつながっているか確認します。

● **Wi-Fi がつながっているか確認**
無線 LAN の場合は、電波がきちんとつながっているか確認します。

● **プロバイダーに確認する**
プロバイダーにトラブルがあった可能性があります。プロバイダーに問いあわせてみましょう。また、多くのプロバイダーは、定期／不定期にメンテナンスを行っています。メンテナンス中はインターネットに接続できません。メンテナンスの予定については、プロバイダーの Web ページやメールで事前に告知されるので、定期的に確認しておきましょう。
契約内容によってはプロバイダーがトラブルシューティングをしてくれることもあるので、問い合わせてもよいでしょう。

Webページを表示する
Webブラウザーとは

Webページを表示するアプリのことを「Webブラウザー」といいます。代表的なWebブラウザーには、Windows 10に付属する「Microsoft Edge」や「Internet Explorer（IE）」、OS Xに付属する「Safari」があります。そのほか、「Google Chrome」など無料で配布されているWebブラウザーもあります。

1 Webページを閲覧するしくみ

ホームページと Webページ

インターネット上に公開されている文書のことを「Webページ」といいます。Webページのことを「ホームページ」と呼ぶ場合もありますが、もともとホームページとは、Webブラウザーを起動したときに最初に表示されるWebページのことです。本書では、インターネットで公開されている文書全般を「Webページ」、ブラウザー起動時の画面を「ホームページ」と呼んで解説します。

Webページのデータは、インターネット上にあるWebサーバー（WWWサーバー）に保管されています。ユーザーはこのWebサーバーにアクセスしてWebページの情報を取得、閲覧することで、世界中の情報を瞬時に入手できます。

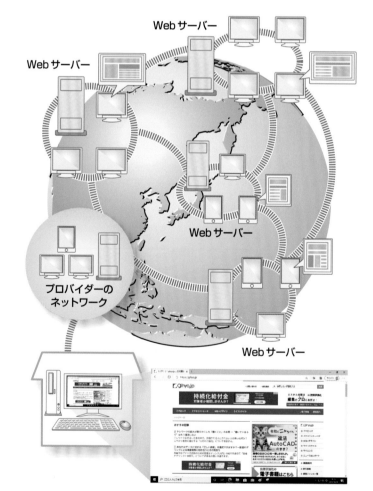

Webサーバー

Webサーバー

Webサーバー

プロバイダーの
ネットワーク

Webサーバー

Webサーバー （WWWサーバー）

「Webサーバー」（WWWサーバー）とは、Webブラウザーに対してHTML（Webページを記述するための言語）文書や画像などの情報を提供するプログラムおよび、そのプログラムが動作するコンピューターを指します。HTML文書や画像などの情報を蓄積しておき、Webブラウザーなどの要求に応じ、ネットワークを通してこれらの情報を送信する役割を果たします。

2 Windows 10 の Web ブラウザー

インターネットに接続してWebページを見るには、Webブラウザー（ブラウザー）が必要です。閲覧するWebページのURLを指定すると、これをもとにWebサーバーとの通信が行われ、目的のWebページが表示されます。

Microsoft Edge

Edgeは、インターネットの最新規格に対応する新たに開発された新しいWebブラウザーです。

Internet Explorer

IEは、従来のWindowsから搭載されてきた伝統的なWebブラウザーです。

キーワード Microsoft Edge

「Microsoft Edge」は、Windows 10から搭載された新しいWebブラウザーです。Edgeは、HTML5などの標準化された仕様に従来のInternet Explorerよりも積極的に対応し、フラットなデザインと高速な動作を特徴としています。本書では、以降、「Edge」と表記し、主にEdgeを使って解説します。

キーワード Web サイト

多くのWebページは、リンク（ハイパーリンク）によってお互いに参照しあっています。個人や企業が作成した複数のWebページを構成するまとまりを「Webサイト」または「サイト」といいます。

キーワード Internet Explorer

「Internet Explorer」は、従来からWindowsに搭載されてきたWebブラウザーで、最新のバージョンは「11」です。本書では、以降、「IE」と表記します。Windows 10には、EdgeとIEの2つのWebブラウザーが搭載されています。

メモ URL（Webアドレス）の見方

「URL」とは、Uniform Resource Locatorの略で、インターネット上の場所を表す文字列のことです。住所になぞらえて「アドレス」ともいいます。通常、URLは下のような構成になっており、プロトコルやドメイン名を「:」や「/」で区切って記述します。

Webブラウザーを起動・終了する

インターネットでWebページを閲覧するには、Webブラウザーを起動します。Webブラウザーを起動する方法はいくつかあります。ここでは、代表的な方法として、スタートメニューとタスクバーのタイルから起動する方法を解説します。Webブラウザーを終了するには、右上の<閉じる>をクリックします。

1 スタートメニューからEdgeを起動する

メモ Edgeを起動する

Edgeを起動する主な方法は、次のとおりです。ただし、一部の起動方法が利用できないこともあります。

①スタートメニューのタイルをクリックする（右の手順参照）。

②スタートメニューのアプリ一覧で「Microsoft Edge」をクリックする。

③タスクバーのアイコンをクリックする（右ページ参照）。

④デスクトップに作成したショートカットをクリックする。

⑤デスクトップの検索ボックスから起動する。

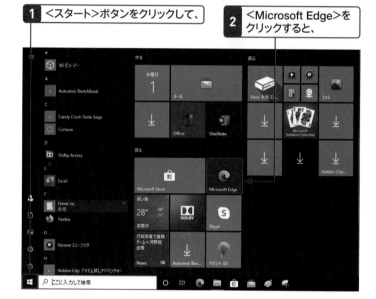

1 <スタート>ボタンをクリックして、

2 <Microsoft Edge>をクリックすると、

3 Edgeが起動して、ホームページ（ここでは新しいタブ）が表示されます。

キーワード 新しいタブ

「新しいタブ」は、Edgeにあらかじめ用意されているWebページです。<設定など>→<設定>の「新しいタブ ページ」から<カスタマイズ>をクリックするとレイアウトなどを変更することができます。

2 タスクバーからEdgeを起動する

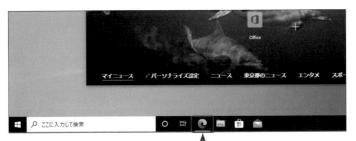

ヒント タスクバーの
ピン留めを外す

タスクバーには、Edgeのアイコンが登録されています。アイコンが不要な場合は、表示を解除できます。タスクバーのアイコンを削除するには、アイコンを右クリックして＜タスクバーからピン留めを外す＞をクリックします。

1 タスクバーの＜Microsoft Edge＞をクリックすると、
Edgeが起動します。

3 Edgeを終了する

1 ＜閉じる＞をクリックすると、

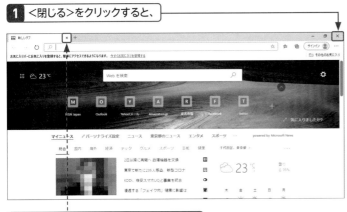

タブが1つのときは、ここをクリックしても
Edgeを終了することができます。

ヒント すべてのタブを閉じる

複数のタブ（P.44参照）を表示している状態でEdgeを終了しようとすると、下図の確認が表示されます。すべてのタブを閉じてEdgeを終了する場合は＜すべて閉じる＞を、終了の操作を中止する場合は＜キャンセル＞をクリックします。
なお、＜常にすべてのタブを閉じる＞をクリックしてチェックを付けてから＜すべて閉じる＞をクリックすると、以降、下図の確認は表示されなくなり、すべてのタブがまとめて閉じられるようになります。

2 Edgeが終了します。

メモ IEを起動する

IEを起動するには、＜スタート＞ボタンをクリックし、＜Windowsアクセサリ＞→＜Internet Explorer＞をクリックします。

起動時は表示されていたEdgeのアイコンの下線が、
Edgeを終了すると消えます。

Section 05 Webブラウザーの画面構成

Edgeの画面は従来のIEに比べてシンプルにまとめられており、画面の上部にタブ、その下にアドレスバーやツールボタンが配置されています。各部の名称は、本章並びに第2章を読み進める上で基本的な情報となります。名称がわからなくなったら、本ページを見直すようにしましょう。

1 Edgeの画面構成

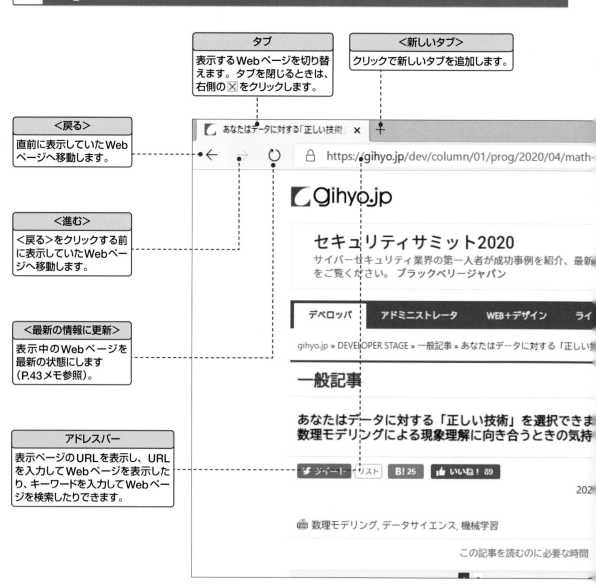

タブ
表示するWebページを切り替えます。タブを閉じるときは、右側の ⊠ をクリックします。

<新しいタブ>
クリックで新しいタブを追加します。

<戻る>
直前に表示していたWebページへ移動します。

<進む>
<戻る>をクリックする前に表示していたWebページへ移動します。

<最新の情報に更新>
表示中のWebページを最新の状態にします（P.43メモ参照）。

アドレスバー
表示ページのURLを表示し、URLを入力してWebページを表示したり、キーワードを入力してWebページを検索したりできます。

＜このページをお気に入りに追加＞
Webページをお気に入りに登録します（P.48参照）。

＜お気に入り＞
お気に入りを表示します（P.49参照）。

＜コレクション＞
Webページ上のテキストや画像を収集して整理することができます。

＜プロファイル＞
Microsoftアカウントでサインインすることで、ブラウザーの設定やブックマークなどをユーザごとに管理することができます（P.208参照）。

＜イマーシブリーダー＞
Webページの広告などを除いて表示し、音声でそのページのテキスト部分を読み上げます。

＜設定など＞
Webページの印刷（P.60参照）や表示倍率の変更（P.56参照）、設定などを行います。

スクロールバー
ドラッグすると、Webページの表示領域を上下に移動できます。

Webページが表示されます。

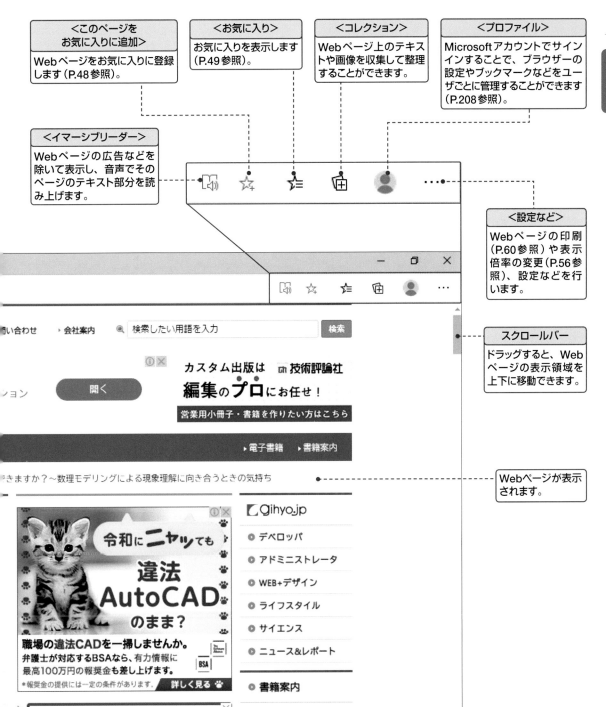

インターネットを安全に使うために

インターネットは、私たちの生活を豊かにしてくれる便利な道具ですが、トラブルに巻き込まれる場合もあります。特に最近は個人情報を収集して悪用するケースや、クレジットカード情報などの不正利用が増えています。これらの被害に合わないために、気をつけるべきことを確認しましょう。

1 Webページ閲覧に潜む危険性

キーワード　なりすまし

「なりすまし」とは、他人のユーザーIDやパスワードを不正に手に入れ、その人の振りをしてメールを送信したり、金品をだまし取ったりすることをいいます。

キーワード　フィッシング詐欺

銀行などのWebページに似せた「偽のWebページ」に誘導し、個人情報を収集する行為を「フィッシング詐欺」または単に「フィッシング」といいます。近年は、個人情報の収集以外にも、クレジットカード番号や銀行の口座番号、暗証番号などを盗み取り、それを悪用するケースが増えています。

キーワード　Windows Defender SmartScreen

「Windows Defender SmartScreen」は、フィッシング詐欺の可能性があるサイトや、コンピューターに危害を与える可能性のあるプログラムを含むと思われるサイトなどを警告する機能で、Windowsに標準で搭載されています。

メモ　なりすましやフィッシング詐欺に会わないために

なりすましやフィッシング詐欺への対策として、Windows Update（P.34参照）や覚えのない相手からのメール内容には十分注意することなどが有効です。

メールに記載されていたURLや、WebページのリンクなどからアクセスしたWebページが、悪意を持って作られたWebページということがあります。特に最近は金融機関や決済サイトなどを装ったWebページで暗証番号やログインパスワードを盗み出され、勝手に使われてしまったという被害が急増しています。また、「なりすまし」の被害者になってしまう場合もあります。

Windows 10に付属するWebブラウザー「Microsoft Edge」には、安全ではないWebページにアクセスした際に警告を出す機能がありますが、すべての危険を排除できるわけではありません。不用意にWebサイトにアクセスしたり、ファイルをダウンロードしたりしないように注意することが大切です。

Edgeを使っています。

1 Webページ内の危険なリンクをクリックすると、

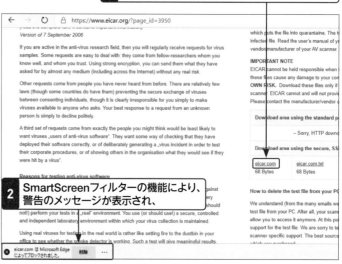

2 SmartScreenフィルターの機能により、警告のメッセージが表示され、

3 リンク先のファイルがダウンロードされなかったことがわかります。

2 アカウントを慎重に管理する

アカウント（パスワードとID）は、ネットショッピングやネットバンキング、ブログやSNSなど、インターネット上で提供されるさまざまなサービスを利用する際に必要なものです。複数のサービスを利用している場合、つい同じパスワードを使い回しがちですが、何らかの理由でパスワードが流出してしまうと、該当するサービスだけでなく、複数のサービスを不正に利用されてしまうおそれがあります。パスワードは、サービスごとに使い分けましょう。

また、短いパスワードや「12345678」などの単純な数値の組み合わせ、生年月日、電話番号など、容易に推測されるものをパスワードとして使用することも避けましょう。

Amazonのパスワード設定画面。インターネット上の多くのサービスでパスワードが利用されています。

パスワード入力欄は盗み見などを防止するために黒丸で表示を隠すことが多いです。

 注意 パスワード設定の際の注意点

パスワードを設定するときは、以下の点に注意します。

- パスワードとIDは同じ文字にしない
- 誕生日や電話番号、住所などの個人を特定するような文字は使わない
- 単純な数値のみやキーボードの並びなどは避ける
- 単純な単語やわかりやすい慣用句は使わない
- 他人にパスワードを教えない
- パソコン内にファイルとして保存しない
- パスワードを書いたメモをパソコンの近くに置かない

 ヒント 安全なパスワードとは

パスワードには、以下のように容易に推測されない文字列を利用します。

- 数値や記号、アルファベットなどを組み合わせる
- 複数の単語を組み合わせる
- 大文字小文字を混在させる
- 固有名詞を混在させる

3 アドレスバーを確認する

Webページによっては、アドレスバーに錠前のアイコンが表示されます。これは、SSLという暗号化技術（通信を安全にやりとりするためのしくみ）が使われているWebページを意味し、パスワードなどのユーザー情報を入力する画面などで採用されています。アドレスバーに錠前のアイコンが表示されているかどうかは、セキュリティ対策がされているかどうかの指標の1つになります。

 メモ 「http」と「https」の違い

通常のWebページのアドレスは「http」からはじまりますが、Webページによっては「https」からはじまります。アドレスが「https」からはじまるWebページは、SSLが採用されているWebページです。そのため、SSLが採用されているかどうかは、錠前のアイコンのほか、アドレスそのもので確認することもできます。

URLが正しいものか注意しましょう。

アドレスバーに錠前のアイコンが表示されるWebページはセキュリティ対策がされています。

4 メールの添付ファイルをむやみに開かない

キーワード マルウェア

「マルウェア」とは、コンピューターウイルスやスパイウェアなどの不正なプログラムの総称です。

マルウェアのなかには、受信メールの添付ファイルとして送られてくるものがあります。ほとんどの場合は「Windows Defender」やセキュリティ対策ソフトにより削除されますが、完ぺきとはいえません。Wordの文書ファイルや画像ファイルなどに偽造されている場合もあるため、信頼できるもの以外は開かないようにしましょう。

迷惑メールの例

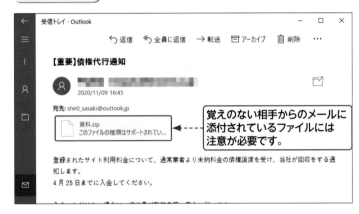

覚えのない相手からのメールに添付されているファイルには注意が必要です。

キーワード 迷惑メール

「迷惑メール」は、宣伝や勧誘など、求めていないのにもかかわらず届くメールの総称です。Outlook.comやGmailなどのメールサービスの多くは、受信したメールが迷惑メールかどうかを判断して、自動で仕分けしてくれる機能が用意されています。迷惑メールとして処理されたメールは、「迷惑メール」フォルダーに保存されます。

5 パソコンの機能を利用する

キーワード Windows Defender

「Windows Defender」は、Windows 10に付属するセキュリティ対策ソフトです。通常はWindows Defenderで対応できますが、より高いセキュリティが必要な場合は、機能が豊富な市販のセキュリティ対策ソフトを利用してもよいでしょう。

Windowsでは、不具合を修正するプログラムや新しい機能の追加、マルウェアなどに対するセキュリティ対策などが適宜行われています。Windows Update機能を利用して、これらの更新プログラムをダウンロードしてインストールすることで、Windowsを常に最新の状態にすることができます。また、Windows 10は「Windows Defender」というセキュリティソフトが標準で搭載されています。

Windows Update

<スタート>→<設定>→<更新とセキュリティ>から開くことができます。

<更新プログラムのチェック>をクリックすると更新プログラムを確認できます。

第2章

インターネットを使おう

Webページを検索する

インターネット上にあるたくさんのWebページの中から目的の情報を探すには、Webページを検索します。Webページを検索する方法には、検索ボックスまたはアドレスバーを使う方法と、Yahoo! JAPANやGoogleなどの検索サイトを利用する方法があります。ここでは前者の方法を解説します。

1 検索ボックスで検索する

キーワード Bing

「Bing（ビング）」は、マイクロソフト社が開発する検索エンジンです。Edgeの「スタートページ」には、上部に検索ボックスが表示されています。検索ボックスにキーワードを入力すると、Bingを使ってWebページが検索されます。

1 Edgeを起動すると、「スタートページ」が表示されます。

2 検索ボックスにキーワードを入力して、

3 Enter キーを押すと、

メモ オートコンプリート機能

検索ボックスやアドレスバー（P.37参照）にキーワードを入力すると、入力したことのある内容や、よく一緒に使われるキーワードが入力候補として自動的に表示されます。これらの候補をクリックすると、そのまま検索できます。この機能を「オートコンプリート機能」といいます。オートコンプリート機能を利用すると、検索したい文字の入力を省略できます。

4 検索結果が表示されます。

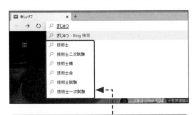

入力したことのある文字の一部を入力すると候補が表示されます。

5 検索結果の見出しをクリックすると、

6 目的のWebページが表示されます。

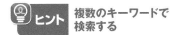 ヒント　複数のキーワードで
検索する

キーワードによっては検索結果が多すぎて、目的のWebページを見つけられないことがあります。このような場合は複数のキーワードを使用して検索し、絞り込んでいきます。複数のキーワードで検索する場合は、キーワードをスペースで区切ります。

スペースを入力します。

2 アドレスバーで検索する

1 アドレスバーをクリックします。

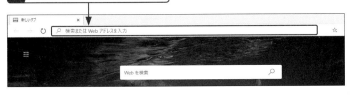

2 文字を入力できる状態になるので、キーワードを入力して、

3 Enterキーを押すと、

4 検索結果が表示されます。

 メモ　履歴の検索結果が
表示される

検索ボックスやアドレスバーでは、閲覧履歴の中からタイトルやURLが入力中のキーワードと一致しているWebページが候補として表示されます。表示したいWebページをクリックして、目的のWebページにすばやくアクセスすることができます。

アクセスしたことのあるWeb
ページが表示されます。

URLを指定して
Webページを開く

Webページを表示するには、目的のWebページのURL（Webアドレス）をアドレスバーに入力し、Enterキーを押します。また、URLの入力中には、閲覧履歴の中からWebページの候補が表示されるので、そこから目的のページを表示することもできます。

1 アドレスバーにWebページのURLを入力する

🔍 キーワード URL

「URL」とは、インターネット上の場所を示す住所のようなもので、「Webアドレス」や「アドレス」ともいいます。このURLを用いて、目的のページを表示することができます。URLは「http://」や「https://」から始まりますが、Edgeではこれらプロトコル名を省略して入力することができます。

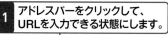
1 アドレスバーをクリックして、URLを入力できる状態にします。

2 表示したいWebページのURL（ここでは「www.yahoo.co.jp」）を入力して、

📝 メモ 検索ボックスにURLを入力する

右の手順ではアドレスバーにURLを入力していますが、検索ボックスにURLを入力しても、Webページを表示できます。

3 Enterキーを押すと、

4 Webページ（ここではYahoo! JAPAN）が表示されます。

💡 ヒント URLが省略されて表示される

Edgeのアドレスバーには、URLのサブドメインなどが一部省略されて表示されることがあります。省略されたアドレスをコピーすると、省略されている部分も含めてコピーされます。

2 履歴を利用する

1 アドレスバーをクリックして、
URLを入力できる状態にします。

2 アドレスバーにWebページのURLの一部を入力していくと、

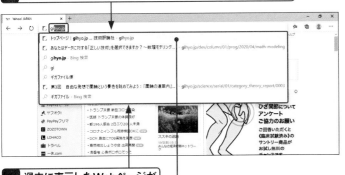

3 過去に表示したWebページが
候補として表示されます。

4 目的のWebページが表示された場合は、
クリックすると、

5 Webページが表示されます。

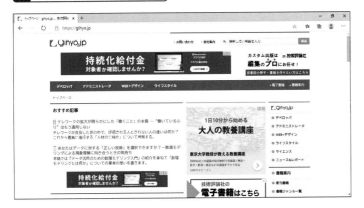

 メモ 履歴の表示

アドレスバーにURLを数文字入力すると、
過去に表示したWebページの中から入力に
一致するものが表示されます。目的のWeb
ページが表示された場合は、そのURLをクリッ
クします。履歴は、<設定など>から確認で
きます（P.54参照）。

**ステップ
アップ** 「~」や「_」の入力

「~」（チルダ）は、半角英数モードで Shift キー
を押しながら ^ キーを押します。「_」（アンダー
バー）は、半角英数モードで Shift キーを押し
ながら \ キーを押します。なお、キーボード
の種類によっては、キーが異なることがあり
ます。

ヒント 履歴を削除するには？

履歴を削除するには、<設定など>→<履
歴>→<履歴の管理>をクリックし、<閲覧
データをクリア>をクリックします（P.55参
照）。

リンク先の Webページを開く

多くのWebページには、別のWebページや画像を表示するためのリンク（ハイパーリンク）が設定されています。文字列や画像のリンクをクリックすると、リンク先のWebページや画像が表示されます。リンクが設定されているかどうかは、マウスポインターの形などで判断できます。

1 Webページとリンクのしくみ

🔍 キーワード リンク

「リンク」とは、文字列や画像をクリックして別のWebページへ移動できるしくみのことをいいます。正確には「ハイパーリンク」といい、リンクは、ハイパーリンクを縮めた表現です。また、リンクが設定されている文字列や画像自体をリンクと呼ぶこともあります。

📝 メモ 移動先のURLを確認する

リンクにマウスポインターを合わせると、移動先のURLがウィンドウの左下に表示されるので、ドメイン名などを確認することができます。

1 リンクにマウスポインターを合わせると、

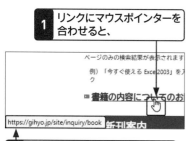

2 リンク先のURLが表示されます。

💡 ヒント 新しいタブに表示された？

Webページによっては、リンクをクリックすると、リンク先のWebページが新しいタブ（Sec.11参照）に表示されます。

Webページ（http://gihyo. jp/book）を開いています。

1 リンクが設定された文字列をクリックすると、

2 リンク先のWebページが表示されます。

次ページ中段のメモ参照。

3 続けてリンクが設定された文字列をクリックすると、

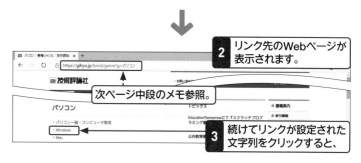

4 リンク先のWebページが表示されます。

元のページに戻る方法はSec.10で解説します。

2 画像やボタンからWebページを表示する

1 画像にマウスポインターを合わせて、ポインターの形が🖑に変わったところでクリックすると、

2 リンク先のWebページに移動します。

✏️ メモ　URLも変わる

リンクをクリックすると、リンク先のWebページが表示され、アドレスバーのURLもリンク先のURLに変更されます。

3 リンクが設定されたボタンをクリックすると、

4 次のリンク先のWebページが表示されます。

✏️ メモ　一度見たリンクは文字列の色が変わる

リンク先のWebページに移動したあと、元のWebページを再び表示すると、文字列の色が変わっている場合があります。これは、Webページの閲覧履歴がEdgeに保存されているためです。閲覧履歴を削除すると（P.55参照）、文字色も元に戻ります。

リンク先を表示する前

▣ 書籍案内｜技術評論社
https://gihyo.jp/book ›
2020/07/14 技術評論社販売促進部のツイッターはこちら 書籍案内 新刊書籍 書...ンスマートフォン・タブレット デザイン・素材集 Webサイト制作 プログラミン...

リンク先を表示したあと

▣ 書籍案内｜技術評論社
https://gihyo.jp/book ›
2020/07/14 技術評論社販売促進部のツイッターはこちら 書籍案内 新刊書籍 書...ンスマートフォン・タブレット デザイン・素材集 Webサイト制作 プログラミン...

直前に閲覧していた Webページに戻る

覚えておきたいキーワード
☑ 戻る
☑ 進む
☑ 履歴

Edgeでは、直近に表示したWebページが履歴として記憶されているので、<戻る>や<進む>をクリックすると閲覧した前後のWebページに移動できます。「Webページを検索して特定のWebページを表示し、目的の情報を確認したので検索結果に戻る」といった使い方をします。

1 直前に表示していたWebページに移動する

メモ <戻る>と<進む>の機能

<戻る>と<進む>は、そのタブで閲覧した前後のWebページを表示する機能です。Edgeを起動した直後など、Webページの移動がない場合や、別のタブでWebページを表示した場合は、<戻る>と<進む>は利用できません。

<戻る>と<進む>が利用できません。

<戻る>と<進む>が利用できます。

1 リンクが設定されている部分をクリックすると、

2 リンク先のWebページが表示されます。

3 <戻る>をクリックすると、

4 直前に表示していたページに移動します。

ヒント タブごとに異なる

<戻る>と<進む>は、タブごとに利用できます。たとえば、新しいタブにWebページを表示したとき（Sec.11参照）、<戻る>をクリックして以前のページに戻ろうとしても、戻ることができないので注意が必要です。

2 元のWebページに移動する

左ページから操作を続けています。

1 ＜進む＞をクリックすると、

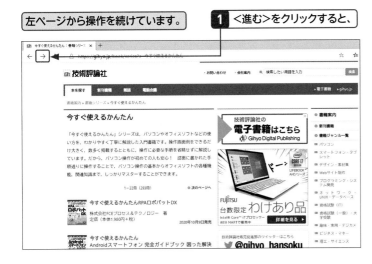

2 ＜戻る＞をクリックする前の
Webページに移動します。

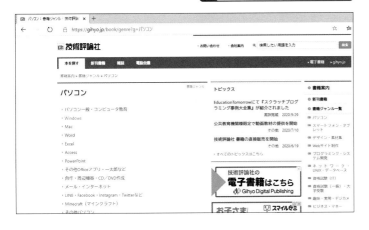

ヒント　以前表示したWebページへ移動する

＜戻る＞と＜進む＞では、直近に表示した
Webページへ移動できます。より以前に表
示したWebページへ移動したい場合は、
＜設定など＞の履歴を利用します（Sec.15
参照）。

メモ　テーマを設定する

Edgeには、「ライト」と「ダーク」の2種類の
テーマ（配色）が用意されており、見た目を
変更できます。テーマを変更するには、＜
設定など＞→＜設定＞→＜外観＞をクリック
し、「ブラウザーのカスタマイズ」で「既定の
テーマ」から＜ライト＞＜ダーク＞＜システム
の既定＞のいずれかを選択します。＜システ
ムの既定＞を選択した場合、Windowsで
設定されているテーマの配色がEdgeにも適
用されます。

メモ　キー操作で戻る・進む

左の手順のほか、[Alt]＋[←]を押すと、前のペー
ジに戻ることができます。[Alt]＋[→]を押すと、
戻る前に表示していたページに進むことがで
きます。

**メモ　Webページの
表示内容を更新する**

ニュースサイトなどでは、Webページが随
時更新されています。Webページの表示
内容を更新するには、＜更新＞をクリック
します。更新中は、○が⊗に切り替わる
ので、クリックして更新を中止することもで
きます。

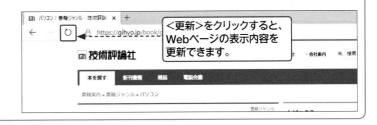

＜更新＞をクリックすると、
Webページの表示内容を
更新できます。

新しいタブを開く

覚えておきたいキーワード
- ☑ タブの追加
- ☑ 新しいタブで開く
- ☑ タブの切り替え

「タブ」は、1つのウィンドウ内に複数のWebページを同時に開くための機能です。Edgeの起動直後はタブは1つですが、タブを追加してタブごとに異なるWebページを表示できます。画面に表示するWebページは、タブをクリックすると切り替わるので、Webページの情報の比較もできます。

1 新しいタブを追加してWebページを表示する

メモ 新しいタブを追加する

タブを追加するには、<新しいタブ>をクリックします。ただし、リンクをクリックしたとき、自動的に新しいタブが追加され、そのタブにリンク先のWebページが表示されるように設定されていることがあります。

1 <新しいタブ>をクリックすると、

2 新しいタブが追加されます。

ヒント そのほかの新しいタブの追加方法

右の手順のほか、キーボードの Ctrl ＋ T を押しても、新しいタブを追加することができます。

3 検索などで新しいタブからWebページを表示できます。

2 タブを閉じる

1 <タブを閉じる>をクリックすると、

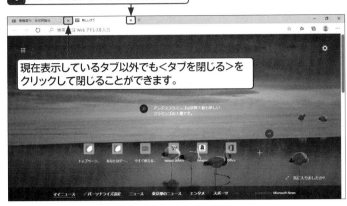

現在表示しているタブ以外でも<タブを閉じる>を
クリックして閉じることができます。

2 タブが閉じます。

ステップアップ ほかのタブを閉じる

表示しているタブ以外のタブをすべて閉じる
には、タブを右クリックして、<他のタブを閉
じる>をクリックします。<右側のタブを閉じ
る>をクリックすると、そのタブよりも右のもの
をすべて閉じられます。

1 タブを右クリックして、

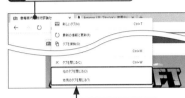

2 いずれかをクリックします。

ステップアップ 閉じたタブを元に戻すには

操作を誤ってタブを閉じてしまった場合などに
は、ほかのタブを右クリックして<閉じたタブ
を再度開く>をクリックすると、元に戻すこと
ができます。

1 タブを右クリックして、

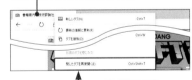

2 <閉じたタブを再度開く>を
クリックします。

 メモ 新しいタブの設定

新しいタブを追加すると、初期設定では、トップサイトが
表示されます。新しいタブを追加したときに表示されるペー
ジの設定は、<設定など>→<設定>をクリックし、<新
しいタブ ページ>→<カスタマイズ>から行います。画面
レイアウトは以下の3種類の中から選択できます。

- シンプル
- イメージ
- ニュース

45

ウィンドウで複数の
Webページを表示する

Sec.11では、タブの操作について解説しました。タブは、多くのWebページをまとめて管理できるため便利ですが、複数のWebページを同時に表示することができません。「複数のWebページを並べて内容を比較したい」といった場合は、それぞれのWebページを異なるウィンドウに表示します。

1 ドラッグ操作で新しいウィンドウで開く

メモ タブを分離／結合する

タブをウィンドウの外方向へドラッグすると、タブが分離し、新しいウィンドウが作成されます。また、タブをほかのウィンドウのタブの隣へドラッグすると、タブをドラッグ先のウィンドウにまとめることができます。

タブをほかのウィンドウへ
ドラッグすると、結合できます。

複数のタブにWebページを表示しています。

1 タブをドラッグすると、

2 タブが分離し、新しいウィンドウにWebページが表示されます。

ヒント 新しいウィンドウに移動する

複数のタブを開いているとき、タブを右クリックして＜タブを新しいウィンドウに移動＞をクリックすると、新しいウィンドウが開き、そのウィンドウへページが移動します。

2 右クリックで新しいウィンドウで開く

1 リンクを右クリックして、

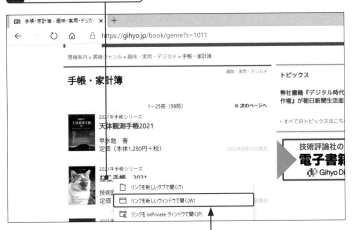

2 ＜リンクを新しいウィンドウで開く＞をクリックすると、

3 新しいウィンドウが開き、リンク先の
Webページが表示されます。

メモ 新しいウィンドウで開く

左の手順のほか、Shift を押しながらリンクを
クリックしても、リンク先の Web ページを新し
いウィンドウで表示できます。

メモ ウィンドウを閉じる

ウィンドウを閉じるには、右上の＜閉じる＞を
クリックします。Edgeのタイトルバーを右クリッ
クし、＜閉じる＞をクリックしても、ウィンドウ
を閉じることができます。

ヒント ウィンドウを整列する

複数のウィンドウを整列するには、タスクバー
の何もないところを右クリックして、＜ウィンド
ウを上下に並べて表示＞または＜ウィンドウ
を左右に並べて表示＞をクリックします。

ヒント タスクバーから
ウィンドウを切り替える

タスクバーには、起動しているアプリのアイコンが表示
されます。アプリのアイコンにマウスポインターを合わせ
ると、そのアプリで開いているウィンドウのサムネイル
（縮小画像）が表示されます。サムネイルをクリックする
と、対象のウィンドウがもっとも手前に表示されます。
たくさんのウィンドウを開いているときに、目的のウィンド
ウを手前に表示したい場合、この方法で効率よく切り
替えることができます。

1 タスクバーのアイコンにマウスポインターを合わせると、

2 ウィンドウのサムネイルが表示されます。

「お気に入り」で Webページを管理する

よく見るWebページを閲覧する際、毎回、検索結果のリンクをたどったり、URLを入力したりしていては面倒です。よく見るWebページを「お気に入り」に登録しておくと、一覧からすぐに表示できるので便利です。Webページの内容や目的ごとに「お気に入り」を分類することもできます。

1 Webページを「お気に入り」に登録する

 キーワード お気に入り

「お気に入り」とは、WebページのURL（Webアドレス）をEdgeに記録しておく機能のことです。Webブラウザーによっては、「ブックマーク」などとも呼ばれます。

1 「お気に入り」に登録したいWebページを表示します。

2 ＜このページをお気に入りに追加＞をクリックして、

メモ フォルダーを作成する

初期設定では、Webページは「お気に入りバー」フォルダーに登録されます。手順**3**の画面で＜フォルダー＞から＜別のフォルダーを選択してください＞をクリックすると「お気に入りの編集」画面が開き、左下の＜新しいフォルダー＞をクリックすると新しいフォルダーが作成され、その中にWebページを登録できます。

登録名を編集できます。

登録先のフォルダーを指定できます。

メモ 登録先のフォルダーを変更する

Webページの登録先のフォルダーは、あとで変更できます（P.51参照）。

3 ＜完了＞をクリックすると、登録名、登録先のフォルダーが反映されます。

2 「お気に入り」に登録した Web ページを表示する

1 <お気に入り>をクリックして、

2 登録したWebページをクリックすると、

3 Webページが表示されます。

 メモ 最初から登録されているWebページもある

パソコンによっては、はじめからメーカーのトップページやサポートページ、ニュースサイトなどのWebページがお気に入りとして登録されている場合があります。

メモ 「お気に入り」の同期

「プロファイル」にてMicrosoftアカウントでサインインすると、ほかのパソコンで同じMicrosoftアカウントしたときに、「お気に入り」を同期することができます（P.208参照）。同期しない設定も可能です。

3 Webページを「お気に入り」から削除する

1 <お気に入り>をクリックして、

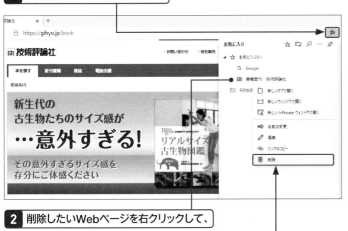

2 削除したいWebページを右クリックして、

3 <削除>をクリックすると、「お気に入り」から削除されます。

メモ 「お気に入り」の登録名を変更する

Webページを「お気に入り」に登録すると、Webページ名がそのまま「お気に入り」の名前として登録されます。登録名が長く一覧から探しにくい場合は、適宜変更するとよいでしょう。そのような場合は、左の図の<名前の変更>をクリックし、登録名を変更します。

4 「お気に入り」にフォルダーを作成する

メモ　フォルダーを削除する

「お気に入り」に作成したフォルダーを削除するには、フォルダーを右クリックして＜削除＞をクリックします。ただし、フォルダーを削除すると、フォルダー内のお気に入りに登録したWebページもすべて削除されてしまうので注意が必要です。

ステップ　お気に入りバーを
アップ　利用する

右の手順でWebページを「お気に入りバー」フォルダーへ移動すると、Webページをお気に入りバーへ登録できます。

「お気に入りバー」は、アドレスバーの下に表示できるツールバーで、「お気に入りバー」フォルダーに登録されているWebページへのリンクが表示されます。なお、お気に入りバーは初期設定では表示されていません。お気に入りバーを表示するには、＜設定など＞→＜設定＞→＜外観＞をクリックし、「お気に入りバーの表示」から＜常に表示＞または＜新しいタブのみ＞を選択します。

| お気に入りバー |

1 ＜お気に入り＞をクリックして、

2 ＜フォルダーの追加＞をクリックすると、

3 新しいフォルダーの作成画面が表示されます。

| 名前を編集できる状態です。 |

4 フォルダー名を入力し、[Enter]を押して確定します。

5 「お気に入り」のWebページをフォルダーに移動する

1 <お気に入り>をクリックして、

2 Webページをフォルダーへ
ドラッグすると、

3 Webページがフォルダーへ
移動します。

4 Webページをドラッグした
フォルダーをクリックすると、

5 フォルダーの中身を確認できます。

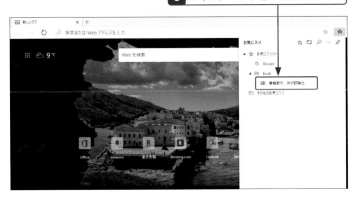

**ステップ
アップ** IEの「お気に入り」を
Edgeに取り込む

Microsoft Edge では、ほかの Web ブラ
ウザーに登録された「お気に入り」のデー
タを取り込んで、Edge で利用すること
ができます。

1 <お気に入り>をクリックして、

2 <その他のオプション>→
<お気に入りのインポート>
をクリックします。

3 <Microsoft Internet Explorer>
を選択して

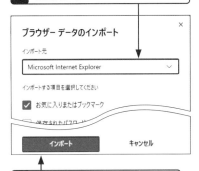

4 <インポート>をクリックすると、

5 IEの「お気に入り」に登録されて
いるWebページが追加されます。

時間のあるときにWebページをまとめて読む

「コレクション」は、Webページ上のリンクや画像をまとめる機能です。インターネットにある情報をひとつのテーマに基づいて整理することができます。「旅行の計画を立てる」「プレゼントの候補をまとめる」など様々な目的に利用できます。

1 コレクションを開始する

🔍 キーワード **お気に入りとコレクション**

「お気に入り」は、頻繁に閲覧するWebページを登録します。

「コレクション」は、現在開いているWebページのURLだけでなく、Webページ内の画像やリンク、テキストといった要素をフォルダー別に保存できる機能です。ひとつのテーマに基づいて情報を整理できるほか、Webページを開かなくても、保存した内容をひと目で確認することができます。

📝 メモ **コレクションの同期**

コレクションは、ホームページ、お気に入りなどと同様に同じMicrosoftアカウントでサインインしたほかのパソコンと同期されます（P.67のメモ「アカウントの同期設定」参照）。

1 ＜設定など＞をクリックして、

2 ＜コレクション＞をクリックします。

3 初回のみ表示される説明を確認し、＜新しいコレクション＞をクリックします。

4 コレクションの名前を入力します（ここでは「北海道旅行」）。

2 コレクションに画像やリンクを追加する

1 コレクションを表示して（P.52参照）、

2 Webページ上のリンク、画像、テキストをコレクションにドラッグします。

ヒント Webページを
コレクションに追加する

左の画像の＜現在のページを追加＞をクリックすると、操作中のタブで開いているWebページのURLをコレクションに追加することができます。

3 コレクションを削除する

1 削除したいコレクション名の横のチェックボックスをクリックし、

ヒント コレクションに
メモを追加する

コレクションには、Webページ上の画像、リンク、テキストのほかに、自分で書いたメモを保存することができます。

1 ＜メモの追加＞をクリックし、

 **2** ＜選択範囲の削除＞をクリックします。

2 テキストを入力して、

3 ＜保存＞をクリックします。

Section 15 以前表示したWebページを確認する

以前閲覧したWebページのニュース記事などを再度閲覧したい場合、あらためて検索していては手間がかかります。Edgeでは、閲覧したWebページやWebページに入力した情報、パスワードなどが履歴として記録されています。履歴を利用すると、以前閲覧したWebページをすぐに再表示できます。

1 履歴を表示する

ヒント 履歴を新しいタブに表示する

履歴を新しいタブに表示するには、履歴を右クリックし、<新しいタブで開く>をクリックします。

1 履歴を右クリックして、

2 <新しいタブで開く>をクリックします。

1 <設定など>をクリックして、

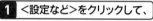

2 <履歴>→<履歴の管理>をクリックし、

すべて   閲覧データをクリア

最近

3 表示したいWebページの名前をクリックすると、

4 Webページが表示されます。

メモ 新しいウィンドウで開く

リンクを右クリックして<新しいウィンドウで開く>をクリックするか、Shift を押しながらリンクをクリックすると、リンク先のWebページを新しいウィンドウに表示できます。

2 履歴を削除する

1 <設定など>をクリックし、

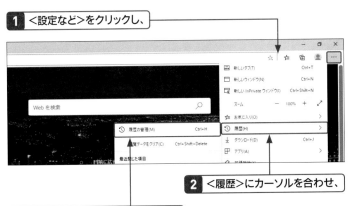

2 <履歴>にカーソルを合わせ、

3 <履歴の管理>をクリックします。

4 <閲覧データをクリア>をクリックします。

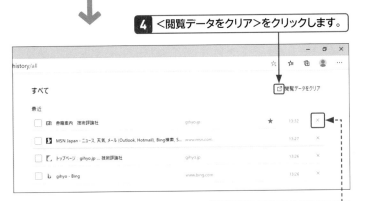

 ここから個別に削除できます。

5 履歴を削除する期間（ここでは<過去1週間>）を選択し、

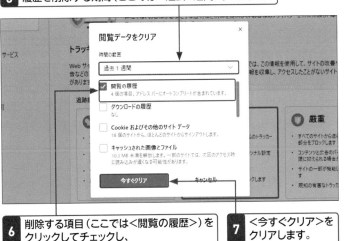

6 削除する項目（ここでは<閲覧の履歴>）を
クリックしてチェックし、

7 <今すぐクリア>を
クリアします。

第
2
章

インターネットを使おう

 **キーワード** Cookie（クッキー）

「Cookie（クッキー）」とは、Webページを閲覧したときにパソコンに保存される小さなデータファイルのことです。Webページの閲覧日時や訪問回数などが記録され、ユーザーのWebページに対する興味の度合いがわかります。ショッピングサイトなどでは、ユーザーを特定するためのアカウントに利用されます。Cookieを削除すると、自分のパソコンから他人がWebサービスを利用する危険性を防げるというメリットがあります。一方で、ショッピングサイトなどの一部サービスをログインしたまま利用できなくなることがあります。

メモ クリアする
データの種類

手順**6**で選択できるデータには以下のものなどがあります。

●**閲覧の履歴**
以前表示したWebページの履歴情報

●**ダウンロードの履歴**
以前ダウンロードしたファイルの履歴情報

●**Cookieおよびその他のサイトデータ**
閲覧日時や訪問回数などのデータ

●**キャッシュされた画像とファイル**
以前表示したWebページを素早く表示するためのデータ

●**パスワード**
Webページで入力されたパスワード

●**オートフィル フォーム データ**
Webページで入力した名前や住所などのデータ

●**サイトのアクセス許可**
位置情報やFlashの実行許可の設定

●**ホストされたアプリのデータ**
Microsoft Storeなどのアプリによって保存されたデータ

55

Section 16 Webページを拡大・縮小表示する

覚えておきたいキーワード
- ☑ 拡大表示
- ☑ 縮小表示
- ☑ マウスでの拡大・縮小表示

「Webページの文字が小さくて読みにくい」「Webページに表示される画像の細部を確認したい」といった場合は、Webページを拡大表示します。また、「Webページに表示される画像が大きいために一部しか表示されない」といった場合は、Webページを縮小表示すると全体を確認できます。

1 Webページを拡大表示する

メモ Webページの表示倍率を変更する

<設定など>をクリックして、<拡大>または<縮小>をクリックするごとに、Webページが段階的に拡大・縮小表示されます。なお、表示倍率は25%～500%の範囲で設定できます。

1 <設定など>をクリックして、

2 <拡大>をクリックすると、

3 Webページが拡大表示されます。

ヒント メールの表示倍率を変更する

ここでは、Webページの表示倍率を変更していますが、「メール」アプリの表示倍率を変更することもできます。メールを開いたら、右上にある<アクション>をクリックし、<ズーム>をクリックして変更します。

4 <全画面表示>をクリックすると、

5 画面全体に拡大表示されます。

ヒント Webページを読みやすくする

Webページの文字が小さくて読みにくい場合は、文字を拡大表示すると読みやすくなります。また、記事とは関係ない広告などが表示され、本文が読みにくい場合は、「イマーシブリーダー」を開始することができます（P.58参照）。

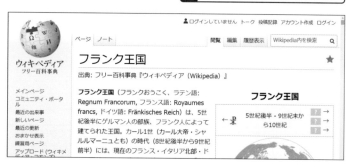

2 Webページを縮小表示する

1 <縮小>をクリックすると、

2 Webページが縮小表示されます。

3 再度<縮小>をクリックすると、

4 Webページがさらに縮小表示されます。

ステップアップ キー操作で
拡大・縮小表示する

Ctrlキーを押しながら+キーを押すとWeb
ページを拡大表示、Ctrlキーを押しながら-
キーを押すとWebページを縮小表示します。
また、Ctrlキーを押しながら0キーを押すと、
Webページが元の表示（表示倍率100%）
に戻ります。また、F11を押すと全画面表
示／解除ができます。

ステップアップ マウス操作で
縮小・拡大表示する

多くのマウスには、ホイールボタンが付属し
ています。Ctrlキーを押しながらホイールボタ
ンを手前に回転させるとWebページが縮小
表示されます。また、Ctrlキーを押しながら
ホイールボタンを奥へ回転させると、Webペー
ジが拡大表示されます。

57

Webページを
読みやすくする

Edgeには、「イマーシブリーダー」という機能が搭載されています。これは、Webページの記事と関係のない画像や広告を取り除き、Webページの本文部分を見やすい表示に切り替える機能です。また、Webページの文章を読み上げる機能も搭載されています。

1 Webページをイマーシブリーダーで表示する

ヒント テキストサイズを変更する

イマーシブリーダーのテキストサイズの変更は、上部メニューの<テキストのユーザー設定>から行います。テキストサイズのほか、間隔やページのテーマを変更できます。

ニュース記事を開いています。

1 <イマーシブリーダーを開始する>をクリックすると、

2 画面がイマーシブリーダーに切り替わります。

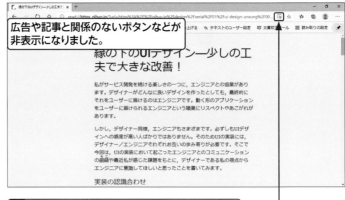

広告や記事と関係のないボタンなどが非表示になりました。

3 再度<イマーシブリーダー>をクリックすると、元の表示に戻ります。

2 Webページを読み上げる

1 <設定など>をクリックして、

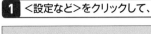

2 <音声で読み上げる>をクリックします。

3 読み上げ中の段落は青い線、読み上げ
中の文字は黄色い線で色分けされます。

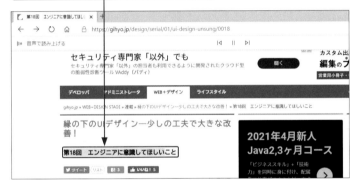

4 停止したいときは、<一時
停止>をクリックします。

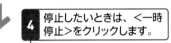

5 <閉じる>をクリックすると、終了します。

メモ 音声読み上げの操作

音声の読み上げが開始されると、上部に操作メニューが表示されます。一時停止、再生、前後の段落の移動の操作が可能です。音声オプションから音声を変更することもできます。また、読み上げてほしい場所をクリックすると、そこから読み上げを始めます。

注意 イマーシブリーダーが
使えない?

Webページによっては、イマーシブリーダーに対応していません。イマーシブリーダーが使えない場合、アドレスバーに<イマーシブリーダーを開始する>が表示されません。また、音声の読み上げに対応していないWebページもあります。その場合は、<音声で読み上げる>が薄く表示され、クリックできないようになっています。

Section 18 Webページを印刷する

Edge では、閲覧している Web ページを印刷できます。印刷プレビューが表示されるので、印刷結果のイメージを確認し、印刷部数などの設定を行ったあと、印刷を実行します。また、Windows 10 の機能を使って、Edge で Web ページを PDF として保存することもできます。

覚えておきたいキーワード
☑ 印刷プレビュー
☑ 印刷範囲の指定
☑ PDF

1 印刷プレビューを表示する

🔍 キーワード **印刷プレビュー**

「印刷プレビュー」とは、実際に用紙に印刷したイメージを画面上で確認する機能です。印刷を実行する前に印刷結果のイメージを確認すると、印刷のミスが少なくなります。

1 <設定など>をクリックして、

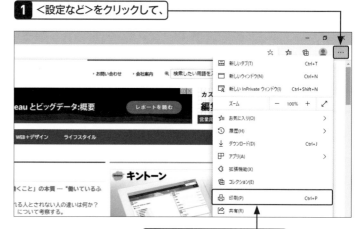

2 <印刷>をクリックすると、

3 印刷プレビューが表示されます。

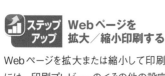

📈 ステップ アップ **Web ページを 拡大／縮小印刷する**

Web ページを拡大または縮小して印刷するには、印刷プレビューの<その他の設定>をクリックし、「拡大／縮小」から拡大／縮小率を数値で入力します。初期設定では、「100%」が入力されています。

2 印刷する

1 印刷に使用するプリンターを選択して、

2 印刷部数を指定し、

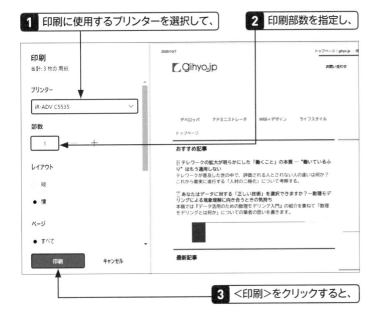

3 <印刷>をクリックすると、

4 Webページが印刷されます。

メモ 印刷部数を指定する

印刷部数を指定するには、<印刷部数>の右側にある＋または－をクリックします。＋をクリックすると部数が1部ずつ増え、－をクリックすると部数が1部ずつ減ります。

メモ 印刷の向きを指定する

印刷の向きは、初期設定では<縦>が選択されています。横向きに変更する場合は、「レイアウト」で<横>をクリックします。

ヒント 印刷を中止する

印刷を中止するには、印刷プレビューの<キャンセル>をクリックします。

メモ 印刷の設定 印刷プレビューでは、主に次の項目を設定できます。

プリンター	印刷に使用するプリンターを選択します。
部数	印刷する部数を設定します。
レイアウト	印刷の向きを設定します。
ページ	印刷するページ範囲を設定します。
カラー	白黒印刷かカラー印刷かを指定します。
両面印刷	用紙の両面に印刷するかを設定します。
その他の設定	「用紙サイズ」や「拡大／縮小」の設定を変更できます。

3 印刷するページを指定する

メモ 印刷するページ範囲を指定する

Webページを印刷する際、特定のページだけ印刷したい、逆に一部のページは印刷したくないというような場合があります。このようなときは、印刷プレビューで必要なページを確認し、印刷範囲を指定します。ページの範囲は、たとえば1から3ページまで印刷したい場合は「1-3」のように半角ハイフン（マイナス）で指定します。

1 印刷プレビューを表示して（P.60参照）、

ステップアップ その他の設定

印刷プレビューの画面で＜その他の設定＞をクリックすると、「用紙サイズ」や「拡大／縮小」などの設定を変更できます。ここに表示される内容は使っているプリンターごとに異なります。

2 「ページ」のここをクリックで選択して、

3 ページ範囲を指定し（ここでは2ページ目から3ページ目）、

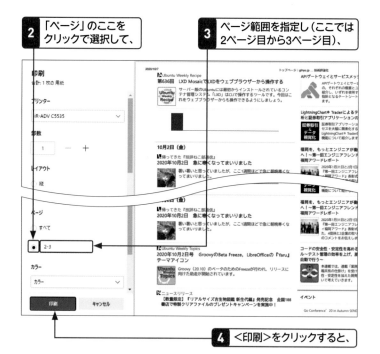

4 ＜印刷＞をクリックすると、

5 指定したページのみが印刷されます。

4　Webページの PDF を作成する

1 印刷プレビューを表示して（P.60参照）、

2 「プリンター」で＜Microsoft Print to PDF＞をクリックして選択し、

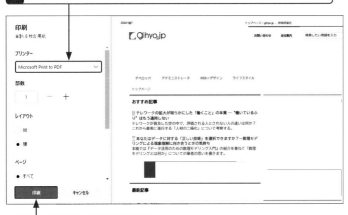

3 ＜印刷＞をクリックします。

4 PDFの保存場所を指定し、

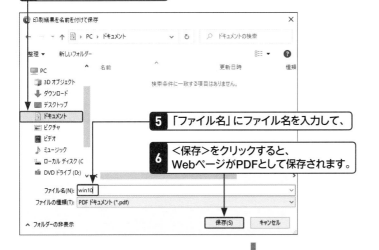

5 「ファイル名」にファイル名を入力して、

6 ＜保存＞をクリックすると、
WebページがPDFとして保存されます。

7 エクスプローラーで保存場所を開くと、
PDFを確認できます（右下段のメモ参照）。

メモ　Webページを PDFとして保存する

Webページを PDFとして保存するには、印刷プレビューの＜プリンター＞で＜Microsoft Print to PDF ＞を選択し、印刷を実行します。

キーワード　PDF

「PDF（ピーディーエフ）」とは、Portable Document Formatの略で、文書の保存に主に利用されるファイル形式を指します。多くのソフトウェアやハードウェアで正確に内容を表示できるため、個人や企業の文書の保存、公開に広く利用されています。なお、PDFは Edge で表示できます。

メモ　PDFを開く

PDFのファイルは、Edge で開くことができます。PDFを開こうとしたときに、「このファイルを開く方法を選んでください。」と表示された場合は、＜Microsoft Edge＞をクリックして＜OK＞をクリックします。

ファイルを ダウンロードする

覚えておきたいキーワード

☑ ダウンロード
☑ 「ダウンロード」フォルダー
☑ ダウンロードの履歴の削除

インターネット上のファイルを保存するには、Webブラウザーで目的のWebページを表示し、ダウンロード用のリンクをクリックします。ダウンロードしたファイルは、その場ですぐに実行できます。＜フォルダーに表示＞より、ダウンロードしたファイルを確認することも可能です。

1 ファイルをダウンロードして実行する

🔍 キーワード ダウンロード

「ダウンロード」とは、ほかのコンピュータに保存されているファイルを、インターネットを介して自分のパソコンに保存することです。

1 ダウンロード用リンクをクリックすると、

2 ダウンロードが完了します。

3 ＜ファイルを開く＞をクリックすると（左のヒント参照）、

📝 メモ ダウンロードした ファイルを開く

ダウンロードしたファイルをすぐに開きたい場合は、通知の＜ファイルを開く＞をクリックします。対応するアプリが起動して、ファイルを開くことができます。

なお、ダウンロードしたファイルをすぐに開いても、ファイルそのものは「ダウンロード」フォルダーに保存されます。

速度、プライバシー、安全性の設定を最適化しています。

Firefoxの準備はすぐに整います。

4 ダウンロードしたファイルを実行します。

2 ダウンロードしたファイルを確認する

1 ダウンロード用リンクをクリックして（P.64参照）、

2 ＜オプション＞をクリックします。

3 ＜フォルダーに表示＞を
クリックします。

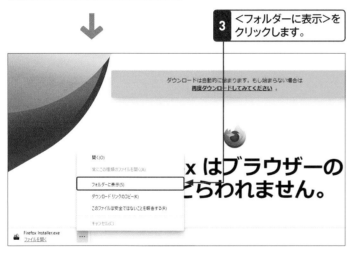

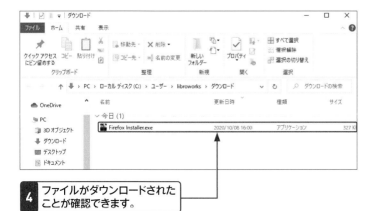

4 ファイルがダウンロードされた
ことが確認できます。

キーワード 「ダウンロード」フォルダー

「ダウンロード」フォルダーは、ダウンロードしたファイルが保存されるフォルダーです。
画像ファイル、動画ファイル、音楽ファイル、インストーラーなど、ファイルの種類に関わらず「ダウンロード」フォルダーに保存されます。

メモ ダウンロードの履歴を削除する

＜設定など＞→＜ダウンロード＞に表示される履歴をまとめて削除するには、＜すべてクリア＞をクリックします。個別に削除するには、ダウンロードしたファイル名の右に表示される⊠をクリックします。

ステップアップ デフォルトの保存先を変更

＜設定など＞→＜ダウンロード＞からダウンロードの履歴画面を表示し、右上の「…」から＜ダウンロード設定＞をクリックすると、ダウンロードの設定を行うことができます。ここで「場所」を変更することで、ダウンロードするファイルのデフォルトの保存先（既定では「ダウンロード」フォルダー）を変更することができます。

Webブラウザーを起動したときに表示されるWebページを「ホームページ」といいます。Edgeの場合、「スタートページ」がホームページに設定されています。ホームページを任意のWebページに変更するには、「設定」を表示し、「起動時」の項目を設定します。

1 ホームページを変更する

メモ　ホームページの種類

Edgeでは、ホームページを次の3種類から選択できます。

①新しいタブを開く

初期設定のホームページです（P.28参照）。

②中断したところから続行する

前回表示していたすべてのタブのWebページがホームページに設定されます。前回終了時に表示していたすべてのタブが表示されます。

③特定のページを開く

任意のWebページを設定できます。

1 ＜設定など＞をクリックし、

2 ＜設定＞をクリックします。

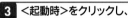

3 ＜起動時＞をクリックし、

ステップアップ　ツールバーにホームボタンを表示する

＜設定など＞→＜設定＞→＜外観＞の順にクリックし、＜[ホーム]ボタンを表示する＞をクリックしてオンにすると、Edgeのツールバーにホームボタンを表示できます。クリックすると指定したページが表示されます。

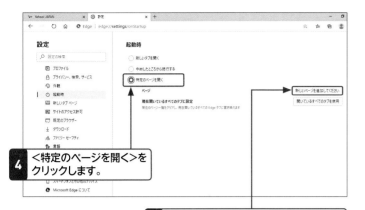

 4 <特定のページを開く>をクリックします。

5 <新しいページを追加してください>をクリックします。

 6 ホームページにしたいWebページのアドレス（ここでは「www.yahoo.co.jp」）を入力し、

7 Enter キーを押すと、　　**8** ホームページが設定されます。

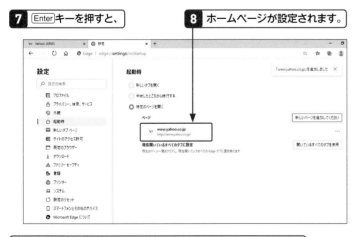

`Edgeを起動したときに、設定したホームページが表示されます。`

 **アカウントの同期設定**

ホームページ、お気に入りなどの設定は、同じMicrosoftアカウントでサインインしたほかのパソコンと同期されます。同期が不要な場合は、<設定など>→<設定>→<プロファイル>からサインインしたプロファイルの<同期>→<同期を無効にする>をクリックします。

 ホームページを元に戻す

Edgeのホームページを元に戻すには、手順**4**の図の「起動時」で<新しいタブを開く>をクリックします。

 新しいタブページをカスタマイズする

<設定など>→<設定>の「新しいタブ ページ」から<カスタマイズ>をクリックすると、新しいタブページのレイアウトを次の中から選択できます。

- シンプル
- イメージ
- ニュース

 複数のホームページを設定する

Edgeでは、複数のホームページを設定できます。複数のホームページを設定するには、ホームページの設定後、左図の<新しいページを追加してください>をクリックし、ホームページとして追加したいWebページのアドレスを入力します。

検索に使うサービスを設定する

覚えておきたいキーワード
- ☑ 検索エンジン
- ☑ Bing
- ☑ Yahoo! JAPAN

Edgeでは、アドレスバーにキーワードを入力すると、Webページを検索できます。このとき、初期設定では検索エンジンにBingが使われます。そのほかの検索エンジンを使いたい場合は、「設定」から変更できます。ここでは、Yahoo! JAPAN（http://www.yahoo.co.jp/）に変更します。

1 詳細設定を表示する

🔍 キーワード **検索エンジン**

「検索エンジン」（「検索サイト」ともいいます）は、インターネット上にあるさまざまな情報を検索するためのWebサイトおよびシステムのことです。代表的な検索エンジンには、BingやGoogle、Yahoo! JAPANなどがあります。

🧹 メモ **Webページ内の文字列を検索する**

Webページ内の文字列を検索するには、まず＜設定など＞→＜ページ内の検索＞をクリックします。右上に「ページ内の検索」ボックスが表示されるので、キーワードを入力します。該当箇所が黄色で強調表示されます。

⚠️ 注意 **あらかじめ利用しておく**

変更できる検索エンジンは、「Edgeに対応し、かつ利用したことがある検索エンジン」だけです。そのため、検索エンジンに使いたいWebページ（ここではYahoo! JAPAN）をあらかじめ利用しておきましょう。

あらかじめYahoo! JAPAN（http://www.yahoo.co.jp/）で検索を行っておきます。

1 ＜設定など＞をクリックして、

2 ＜設定＞をクリックします。

3 ＜プライバシー、検索、サービス＞をクリックし、

4 下へスクロールして＜アドレスバーと検索＞をクリックします。

2 検索エンジンを指定する

1 「検索エンジンの管理」をクリックして、

 メモ **検索エンジンを
Googleに設定する**

ここでは、検索エンジンをYahoo! JAPAN
に設定しています。Googleに変更したい場
合は、まずGoogleで検索を行います。手
順**2**の画面に＜google.co.jp＞が表示され
るので＜その他のアクション＞クリックし、＜
既定に設定する＞をクリックします。

2 ＜Yahoo! JAPAN＞の右の＜その他の
アクション＞クリックし、

 ヒント **アドレスバーから
検索できる**

検索は、検索ボックスのほか、アドレスバー
にキーワードを入力して行うこともできます。

アドレスバーを使って検索できます。

3 ＜既定に設定する＞をクリックすると、

4 既定の検索エンジンに設定されます。

 **メモ** **検索エンジンを
元に戻す**

アドレスバーを使って検索するときの検索エン
ジンを元のBingに戻すには、左の手順で
＜Bing＞をクリックします。

69

Section 22 Microsoft Edgeの便利な機能を利用する

覚えておきたいキーワード
☑ スマートコピー
☑ InPrivate ブラウズ
☑ 閲覧履歴

Microsoft Edgeには、これまで紹介した以外にも様々な機能が備わっています。ここでは、Webページ上の表などを書式を維持したままコピーできるスマートコピーと、閲覧履歴を残さずにインターネットを利用するInPrivate ブラウズについて紹介します。

1 Webページ上の表をそのままコピーする

🔍 キーワード スマートコピー

Microsoft EdgeでWebページ上の表をコピーして別のところに貼り付けを行うと、元々の表の書式を維持したまま貼り付けることができます。

1 コピーしたい部分をドラッグし、

2 右クリック→＜コピー＞をクリックします。

3 貼り付けたいところで右クリック→＜貼り付け＞をクリックします。

2 閲覧履歴を残さずにインターネットを利用する

🔍 キーワード InPrivate ブラウズ

＜設定など＞→＜新しいInPrivateウィンドウ＞をクリックすると利用できます。
InPrivate ブラウズでは閲覧履歴のデータや個人情報を残すことなくインターネットを利用できます。

InPrivateブラウズを使えば、履歴を残すことなく検索ができます。

Chapter 03

第3章

知りたい情報を
収集しよう

生活に役立つさまざまな情報を入手する

インターネットでは、動画や最新ニュースをはじめ、企業が配信する製品情報やサポート案内、官公庁が配信する各種統計、地図、辞書など、たくさんの情報やサービスが公開されています。本章では、仕事や生活に役立つ情報の調べ方や、インターネットを使った便利なサービスについて解説します。

1 Webページを検索する

インターネットでもっともよく利用するWebページの1つが、検索サービスを提供しているWebページです。検索サービスを提供しているWebページでは、電話帳のように研究機関や企業のWebページを調べて、該当するWebページをすぐに表示できます。また、各地の天気や地図、路線情報などをダイレクトに表示することもできます。

第3章 知りたい情報を収集しよう

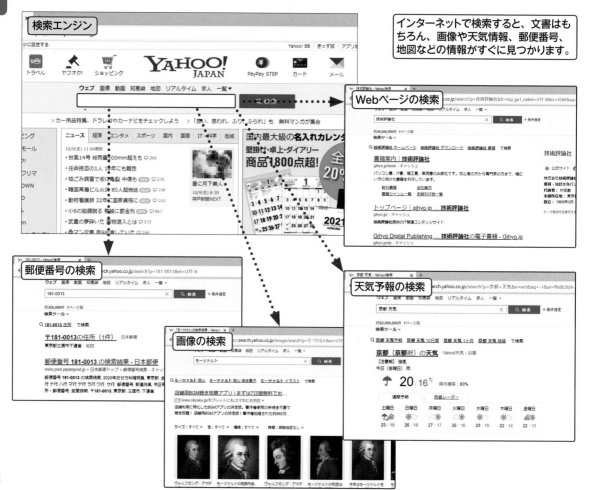

インターネットで検索すると、文書はもちろん、画像や天気情報、郵便番号、地図などの情報がすぐに見つかります。

2 便利なサービスを活用する

インターネットでは、仕事や家庭で役立つ情報がたくさん用意されています。ニュースや百科事典、地図、経路案内、翻訳といったサービスの多くが無料で利用できます。また、動画の配信サービスも人気です。本章では、膨大な数のWebページの中から、まずは知っておきたい、定番のサービスについて解説します。

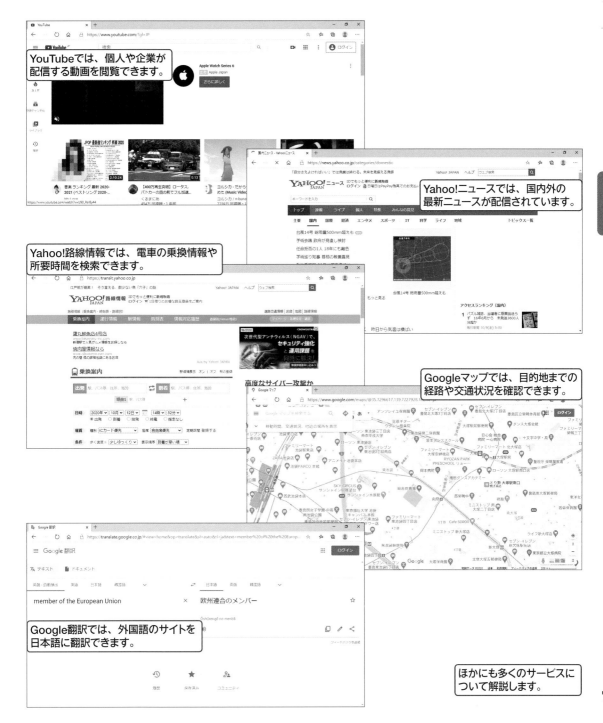

YouTubeでは、個人や企業が配信する動画を閲覧できます。

Yahoo!ニュースでは、国内外の最新ニュースが配信されています。

Yahoo!路線情報では、電車の乗換情報や所要時間を検索できます。

Googleマップでは、目的地までの経路や交通状況を確認できます。

Google翻訳では、外国語のサイトを日本語に翻訳できます。

ほかにも多くのサービスについて解説します。

Yahoo! JAPANで 検索する

「Yahoo! JAPAN（ヤフージャパン）」は、検索やニュース、天気予報、オークションなどのインターネット関連サービスを幅広く提供する、日本でも最大の利用者数を誇るポータルサイトです。ここでは、Yahoo! JAPANを使った検索について解説します。

1 Yahoo! JAPANのトップページを表示する

キーワード Yahoo! JAPAN

「Yahoo! JAPAN（ヤフージャパン）」は、日本最大規模のポータルサイトです。もともとは米ヤフー社のポータルサイト「Yahoo!」の日本版として始まりました。
Yahoo! JAPANは、日本国内におけるインターネットの普及初期より運営されています。長年、定番のポータルサイトとして支持されてきました。

● Yahoo! JAPAN
　 https://www.yahoo.co.jp/

1 アドレスバーに「yahoo.co.jp」と入力して、

2 Enterキーを押すと、

3 Yahoo! JAPANのトップページが表示されます。

検索ボックス

キーワード ポータルサイト

「ポータル」は、「玄関」を意味する英単語です。「ポータルサイト」は、インターネットへの入り口（玄関）となるWebサイトのことで、ニュースや天気予報、検索エンジンなどのサービスをまとめて提供します。Yahoo! JAPANは、日本での代表的なポータルサイトです。

2 Yahoo! JAPANでWebページを検索する

1 検索ボックスをクリックして、

2 キーワードを入力し、

3 Enterキーを押すと、

右中段のメモ参照。

4 検索結果が表示されます。

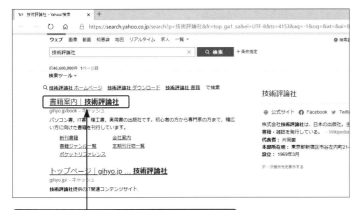

5 検索結果の見出しのリンクをクリックすると、

6 該当するWebページが表示されます。

メモ そのほかのポータルサイト

ここで利用しているYahoo! JAPAN以外にも、次のようなポータルサイトがあります。ポータルサイトによって検索エンジンやメール、ブログなどのサービスが異なります。自分の好みや目的に合ったポータルサイトを利用してみるとよいでしょう。

● MSN
https://www.msn.com/ja-jp
● Excite
https://www.excite.co.jp/
● goo
https://www.goo.ne.jp/
● Infoseek
https://www.infoseek.co.jp/

メモ ＜検索＞をクリックする

左の手順のほか、手順**2**のあとに＜検索＞をクリックしても、検索結果が表示されます。

メモ 検索エンジンを変更する

Edgeでは、アドレスバーにキーワードを入力すると、Webページを検索できます。このとき、検索エンジンにBingが使われますが、Yahoo! JAPANに変更できます（Sec.21参照）。

Section 25

Googleで検索する

覚えておきたいキーワード
- ☑ 検索エンジン
- ☑ Google
- ☑ キーワード

Edgeでは、アドレスバーを使って検索すると、初期設定ではマイクロソフト社が開発・運営する検索エンジン「Bing」が使われます。ほかの検索エンジンを使いたい場合は、該当するWebサイトを表示します。ここでは、世界で高いシェアをほこるGoogleの使い方について解説します。

---

1 Googleのトップページを表示する

キーワード 検索エンジン

「検索エンジン」とは、キーワードを入力してWebページや画像など、インターネット上にあるさまざまな情報を検索するためのWebサイトおよびシステムのことです。使いやすいものを1つか2つ選んで利用するとよいでしょう。

キーワード Google

「Google」は、米国のグーグル社が開発する検索エンジンです。精度の高い検索が特徴で、世界中で多くのユーザーから支持されています。

● Google

https://www.google.co.jp/

メモ ほかのアドレスでも表示できる

Googleのトップページは、右の手順のほか、「google.com」や「google.co.uk」などを入力しても表示できます。これは、グーグル社が世界の各地域でドメインを取得し、いずれの地域でもGoogleを利用できるようにしているためです。

1 アドレスバーに「google.co.jp」と入力して、

2 Enter キーを押すと、

3 Googleのトップページが表示されます。

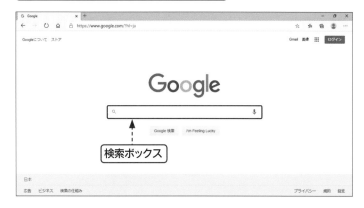

検索ボックス

第3章 知りたい情報を収集しよう

2 GoogleでWebページを検索する

1 検索ボックスをクリックして、

2 キーワードを入力し、

3 Enter キーを押すと、

随時検索候補が表示されます。

4 検索結果が表示されます。

5 検索結果の見出しをクリックすると、

6 該当するWebページが表示されます。

キーワード キーワード

検索したいWebページに関する語句を「検索キーワード」、または単に「キーワード」といいます。キーワードを使用した検索を行う場合は、「箱根の日帰り温泉」という文章よりも、「箱根 日帰り 温泉」のように複数のキーワードをスペースで区切って検索したほうが、結果を得やすくなります。検索結果が多すぎる場合は、さらにキーワードを追加して絞り込むとよいでしょう。

メモ 検索結果の画面表示

キーワードによっては、特定のWebページが検索結果の画面上で強調されて表示されたり、Webページの詳細な内容が表示されたりする場合があります。前者を「強調スニペット」、後者を「リッチスニペット」といいます。

メモ そのほかの検索エンジン

Google以外にも、検索エンジンがあります。1つの検索エンジンで目的の情報が見つからない場合や使い勝手がよくない場合は、ほかの検索エンジンを利用してみるとよいでしょう。

● Yahoo! JAPAN
https://www.yahoo.co.jp/
● Bing
https://www.bing.com/

画像を検索する

検索エンジンにはWebページを検索するだけでなく、画像を検索して表示するサービスがあります。ここでは、Googleを利用して画像を検索してみましょう。また、通常のキーワード検索の結果画面から画像検索画面に切り替えることもできます。

1 Googleで画像を検索する

メモ 検索結果の画面から画像を検索する

Googleの検索ボックスにキーワードを入力して検索すると、キーワードに関連した検索結果が表示されます。この画面の上部にある<画像>をクリックすると、画像だけの検索結果を表示できます。

検索結果画面で<画像>をクリックします。

1 Googleのトップページを表示して（P.76参照）、

2 <画像>をクリックし、

3 キーワードを入力して、

4 Enter キーを押すと、

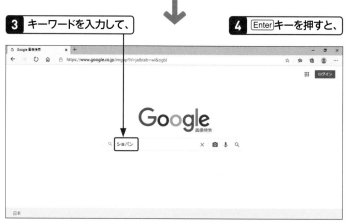

5 画像の検索結果が表示されます。

6 見たい画像をクリックすると、

7 画像が拡大表示されます。

ここをクリックすると、画像
の検索結果画面に戻ります。

8 画像をクリックすると、

ここをクリックすると、前
後の画像が表示されます。

9 画像の掲載ページが表示されます。

メモ 検索対象を絞り込む

Googleの画像検索では、検索したキーワードに関連するキーワードが上部に表示され、それらをクリックするとさらに絞り込んで検索を行うことができます。

追加で絞り込みたいキーワードをクリックして選択すると、画像が絞り込まれます。

メモ 類似画像を検索

Googleの画像検索には、選択した画像と類似した画像を抽出する機能があります。左の手順**7**で<もっと見る>をクリックすると、類似した画像が表示されます。

メモ Yahoo! JAPANや
Bingで画像を検索する

ここでは、Googleを使って画像を検索しましたが、Yahoo! JAPANやBingでも画像を検索することができます。検索結果が表示された画面で<画像>をクリックすると表示できます。

Bingで画像を検索した例

動画を検索して視聴する

インターネット上には、世界中から動画が投稿され、誰もが視聴できる動画配信サービスがたくさんあります。そのなかでもYouTubeは投稿数、視聴数ともに最大級のサービスで、個人だけでなく企業や政府などが投稿した動画を自由に視聴することができます。

1 YouTubeのトップページを表示する

🔍 キーワード **YouTube**

「YouTube」は、インターネット上にある動画を共有、配信するサービスで、世界中のユーザーが投稿したたくさんの動画を、誰もが自由に視聴できます。また、会員登録をすると、動画をアップロードしたり、お気に入りの動画を自分のチャンネルに登録したりできます。

●YouTube

https://www.youtube.com/

1 アドレスバーに「youtube.com」と入力して、

2 Enter キーを押すと、

3 YouTubeのトップページが表示されます。

📊 ステップ アップ **YouTubeにログインする**

YouTubeに動画をアップロードしたり、コメントを投稿したりするには、YouTubeにログインする必要があります。YouTubeにログインするには、トップページ右上に表示されている<ログイン>をクリックし、画面の指示に従います。
なお、ログインするにはGoogleアカウントが必要です。Googleアカウントを持っていない場合は、<ログイン>をクリックすると表示される画面で<アカウントを作成>をクリックし、画面の指示に従ってください。Googleアカウントは無料で取得できます。

2 YouTubeでキーワードから動画を検索する

1 検索ボックスにキーワードを入力して、

2 [Enter]キーを押すと、

3 検索結果が表示されます。

4 視聴したい動画をクリックすると、

5 動画が再生されます。

メモ 動画を検索する

YouTubeで動画を検索するには、検索ボックスにキーワードを入力し、[Enter]キーを押すか、[🔍]をクリックします。

メモ 検索結果と広告に注意する

YouTubeやGoogle、Yahoo! JAPANなどで検索すると、広告のWebページへのリンクが検索結果として表示されることがあります。広告の場合は「広告」と表示されているので、よく確認しましょう。

メモ 検索結果の画面から動画を検索する

Yahoo! JAPANなどの検索ボックスにキーワードを入力して検索すると、キーワードに関連した検索結果が表示されます。この画面の上部にある<動画>をクリックすると、動画だけの検索結果を表示できます。

検索結果画面で<動画>をクリックします。

3 動画を任意の場所から再生する

ヒント 画面サイズを切り替える

再生画面の下部に表示される＜全画面＞をクリックすると、再生画面がパソコンの画面いっぱいに広がります。Escキーを押すと、元の画面サイズに戻ります。

また、動画によっては＜シアターモード＞が表示されます。これをクリックすると、再生画面がウィンドウの横幅いっぱいに広がります。＜シアターモード＞が＜デフォルト表示＞に切り替わるので、クリックすると元の画面サイズに戻ります。

メモ 音量を調整する

YouTubeの音量を調整するには、再生画面の下部に表示される🔊にマウスポインターを合わせると右横に表示される音量バーを左右にドラッグします。なお、🔊をクリックすると消音（ミュート）に設定され、アイコンが🔇に変わります。🔇をクリックすると、消音を解除できます。

1 再生画面にマウスポインターを合わせると、

2 コントローラーが表示されます。

3 再生バーをドラッグすると、

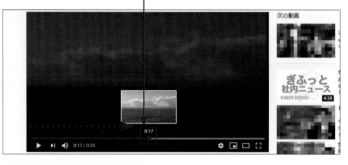

4 再生位置を変更できます。

メモ YouTubeの再生画面の機能

動画の再生画面にマウスポインターを合わせると、画面の下部に、動画を操作するためのボタンをまとめたコントローラーが表示されます。再生や一時停止、音量や全画面表示などが用意されているので、必要に応じて利用しましょう。

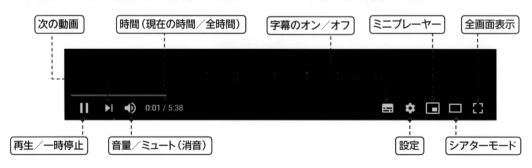

次の動画　｜　時間（現在の時間／全時間）　｜　字幕のオン／オフ　｜　ミニプレーヤー　｜　全画面表示

再生／一時停止　｜　音量／ミュート（消音）　｜　設定　｜　シアターモード

4 YouTube でチャンネルから動画を検索する

1 ▤をクリックして、

2 目的のチャンネル（ここでは＜360°動画＞）をクリックすると、

3 チャンネル内の動画が表示されます。

4 視聴したい動画をクリックすると、

5 動画が再生されます。

🔍 **キーワード チャンネル**

「チャンネル」は、YouTubeのテレビ局のようなもので、「映画」や「音楽」など、たくさんのチャンネルが用意されています。好みの動画を集めて、オリジナルのチャンネルを作ることもできます。

📊 **ステップアップ 広告をスキップする**

YouTubeの動画を再生すると、広告の動画が再生されることがあります。動画にマウスポインターを合わせたとき、＜広告をスキップ＞が表示される場合は、クリックすると動画をスキップできます。ただし、広告の動画をスキップできないこともあります。

＜広告をスキップ＞をクリックします。

🖌 **メモ 次の動画が自動再生される**

YouTubeでは、動画の再生が終了すると、画面の右にある＜次の動画＞の一覧順に、次の動画が自動的に再生されます。＜次の動画＞にある＜自動再生＞をクリックすると、自動再生のオン／オフが切り替わります。

＜自動再生＞をクリックします。

ニュースを閲覧する

インターネット上では、多くの新聞社や放送局がニュースを配信しています。ニュースは随時更新、配信されているので、常に最新の記事を読むことができます。ポータルサイトでも、提携している新聞社や放送局のニュースを閲覧できます。ここでは、Yahoo!ニュースを利用してニュースを閲覧します。

1 Yahoo!ニュースを表示する

🔍 キーワード Yahoo!ニュース

「Yahoo!ニュース」は、Yahoo! JAPANが運営するニュース配信サービスです。毎日新聞社や読売新聞社、時事通信社などと提携して国内外のニュースを配信しているほか、Yahoo!ニュース独自のニュースも配信しています。記事のタイトルとURLをFacebookやTwitterなどのSNSに投稿して共有することもできます。

● Yahoo!ニュース

https://news.yahoo.co.jp/

📝 メモ ニュースのカテゴリを表示する

Yahoo!ニュースでは、トップニュースがさらに「主要」「国内」「国際」などのカテゴリに分けられています。カテゴリをクリックすると、各カテゴリのニュースの一覧を表示できます。

目的のカテゴリをクリックします。

1 「Yahoo! JAPAN」のトップページを表示して（P.74参照）、

2 ＜ニュース＞をクリックすると、

3 Yahoo!ニュースのWebページが表示されます。

4 カテゴリ（ここでは＜IT・科学＞）をクリックして、

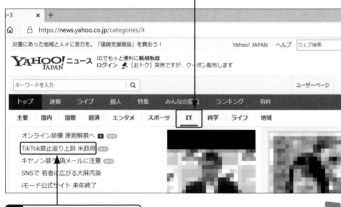

5 見出しをクリックすると、

6 ニュースを閲覧できます。

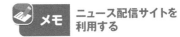

メモ　ニュース配信サイトを利用する

Yahoo! JAPANなどのポータルサイト以外にも、新聞社や通信社などが自社のWebサイトでニュースを配信しているので、読み比べてみるのもよいでしょう。おもなニュース配信サイトは次の通りです。

● 朝日新聞社（朝日新聞デジタル）
　https://www.asahi.com/
● 毎日新聞社（毎日.jp）
　https://mainichi.jp/
● 読売新聞社（YOMIURI ONLINE）
　https://www.yomiuri.co.jp/
● 日本経済新聞社
　https://www.nikkei.com/

2　Yahoo!ニュースでニュースを検索する

1 検索ボックスにキーワードを入力して、

2 Enterキーを押すと、

3 検索結果が表示されます。

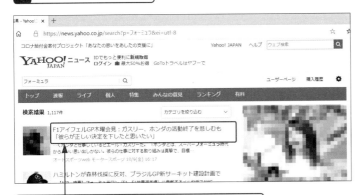

4 見出しをクリックすると、ニュースを閲覧できます。

メモ　速報や写真付きニュースを閲覧する

Yahoo!ニュースでは、トップニュースのほか、速報や報道機関の写真付きニュース、映像、個人のライターが執筆する記事などを配信しています。

クリックすると、ニュースの種類を選択できます。

天気予報を調べる

覚えておきたいキーワード
- ☑ Yahoo! 天気・災害
- ☑ 天気予報サイト
- ☑ 「天気」アプリ

インターネット上には、最新の天気予報をいつでも見ることができるサービスがあります。テレビや新聞などでは大まかな地域ごとの、その時点での天気予報しか見ることができませんが、インターネット上では、特定の地域を指定して最新の天気予報を見ることも可能です。

1 Yahoo! JAPANで天気を検索する

メモ Yahoo! JAPANで 天気を検索する

Yahoo! JAPANでは、検索ボックスに「地域名」に続けてスペースを入力し、「天気」と入力して検索すると、該当する地域の天気が表示されます。

たとえば、京都の天気を調べたい場合、検索ボックスに「京都（スペース）天気」と入力して検索します。

1 「Yahoo! JAPAN」のトップページを表示して（P.74参照）、

2 「地名（スペース）天気」と入力し（ここでは京都）、

3 Enterキーを押すと、

4 現在の京都の天気情報が表示されます。

メモ 天気予報サイト

ここでは、GoogleとYahoo! 天気・災害を利用していますが、このほかにもたくさんの天気予報の提供サイトがあります。おもな天気予報サイトは次の通りです。

● ウェザーニュース

http://weathernews.jp/

● 日本気象協会 tenki.jp

https://tenki.jp/

● 天気予報コム

http://www.tenki-yoho.com/

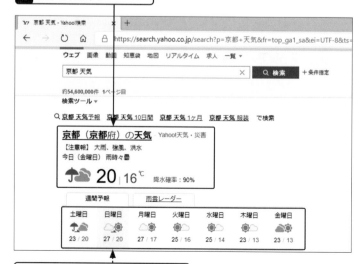

翌日以降の天気予報が表示されます。

2 Yahoo! 天気・災害で天気を調べる

1 「Yahoo! JAPAN」のトップページを表示して（P.74参照）、

2 <天気・災害>をクリックすると、

3 Yahoo! 天気・災害のWebページが表示されます。

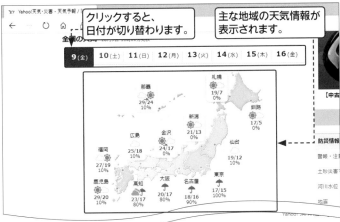

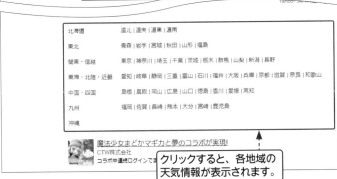

キーワード Yahoo! 天気・災害

「Yahoo! 天気・災害」は、Yahoo! JAPANが運営する天気・災害情報の配信サービスです。日本気象協会や新聞社などと提携して各地の天気・災害情報を配信しているほか、花粉や熱中症、積雪情報などを知ることもできます。

●Yahoo! 天気・災害

https://weather.yahoo.co.jp/

メモ Googleで天気を検索する

Googleでも、Yahoo! JAPANと同様に検索で天気を表示できます。

メモ 「天気」アプリを利用する

Windows 10に付属する「天気」アプリで天気予報を見ることもできます。「天気」アプリを起動するには、スタートメニューで<天気>をクリックします。

Section 30 住所や郵便番号を調べる

覚えておきたいキーワード
- ☑ 住所検索
- ☑ 郵便番号検索
- ☑ 日本郵便株式会社

インターネットでは、住所や郵便番号を調べることもできます。もっとも手軽な方法は、検索エンジンを利用することです。ここでは、「郵便番号から住所を調べる」「住所から郵便番号を調べる」、さらに日本郵便のサービスを利用して「地図から郵便番号を調べる」方法について解説します。

第3章 知りたい情報を収集しよう

1 Yahoo! JAPANで郵便番号から住所を検索する

メモ 住所を検索する

Yahoo! JAPANの検索ボックスに郵便番号を入力して検索すると、該当する住所が表示されます。
たとえば、郵便番号が192-0083の住所を調べたい場合、検索ボックスに「192-0083」と入力して検索します。

1 「Yahoo! Japan」のトップページを表示して（P.74参照）、

2 郵便番号（ここでは「192-0083」）を入力し、

3 Enter キーを押すと、

ヒント Googleで検索する

Googleでも、同様の手順で郵便番号から住所を検索できます。

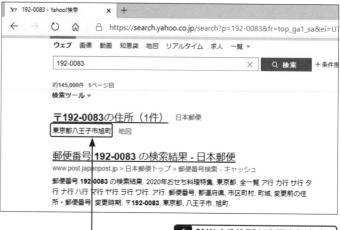

4 該当する住所が表示されます。

2 Yahoo! JAPANで住所から郵便番号を検索する

1 「Yahoo! Japan」のトップページを表示して（P.74参照）、

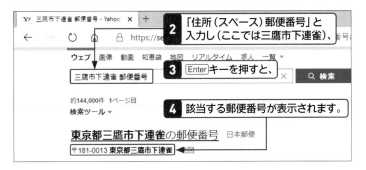

2 「住所（スペース）郵便番号」と入力し（ここでは三鷹市下連雀）、

3 Enterキーを押すと、

4 該当する郵便番号が表示されます。

 メモ 郵便番号を検索する

Yahoo! JAPANでは、検索ボックスに調べたい住所、続けて空白を入力し、「郵便番号」と入力して検索すると、該当する住所が表示されます。

たとえば、東京都三鷹市下連雀の郵便番号を調べたい場合、検索ボックスに「三鷹市下連雀（スペース）郵便番号」と入力して検索します。

3 日本郵便のサイトで地図から郵便番号を検索する

1 アドレスバーに「post.japanpost.jp」と入力してEnterキーを押し、日本郵便株式会社のトップページを表示して、

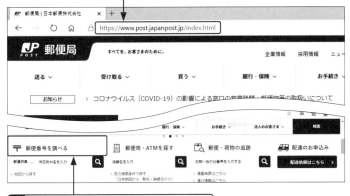

2 ＜郵便番号を調べる＞をクリックします。

ヒント 日本郵便株式会社

「日本郵便株式会社」は、日本郵便社のWebページです。郵便番号や住所を検索できるほか、「郵便料金を調べる」「再配達を依頼する」といった郵便関連サービス、手紙の文例集（レターなび）などのサービスを提供しています。

●日本郵便株式会社
http://www.post.japanpost.jp/

3 地図上の地域名をクリックしていくと、郵便番号が表示されます。

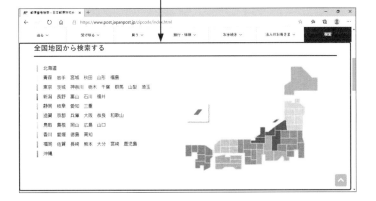

 ヒント 日本郵便のサイトを利用する

日本郵便のサイトでは、配達の依頼や記念切手の購入など、検索エンジンではできないサービスを利用することもできるので、上手に利用しましょう。

気になる場所の地図を表示する

日本国内の地図を検索するには、地図検索サイトを利用すると便利です。住所だけでなく、施設名や駅名、郵便番号などで目的地周辺の地図を検索できます。また、乗換案内やルート検索などのサービスが利用できること、新しい道や施設がいち早く反映されることも、紙の地図に対する長所といえます。

1 Googleマップを表示する

キーワード　Google マップ

「Google マップ」は、グーグル社が運営する地図検索サービスです。住所や施設名などから地図を検索できます。地図をドラッグ操作で移動したり、拡大／縮小表示したりできる上、目的地までの経路を調べる（Sec.32参照）、地図を印刷する（Sec.33参照）といったことができます。

メモ　地図検索サービス

ここでは、Google マップを利用していますが、ほかにも以下のような地図検索サイトがあります。また、Yahoo! JAPANやMSNなどのポータルサイトでも地図の検索サービスを提供しています。

- ●Yahoo! 地図
  https://map.yahoo.co.jp/
- ●マピオン
  https://www.mapion.co.jp/
- ●いつもNAVI
  https://www.its-mo.com/
- ●MapFan Web
  https://mapfan.com/
- ●goo 地図
  https://map.goo.ne.jp/

1 アドレスバーに「maps.google.co.jp」と入力してEnterキーを押すと、Googleマップが表示されます。

　＋ をクリックすると、地図が拡大表示されます。

　－ をクリックすると、地図が縮小表示されます。

2 地図上をドラッグすると、画面がスクロールして表示位置を変更できます。

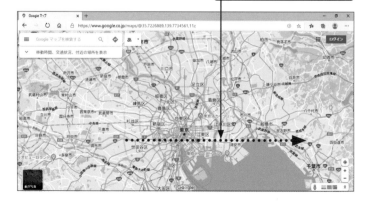

2 地図に表示させたい場所を検索する

1 ページ上部の検索ボックスに施設名などを入力して、

2 Enterキーを押すと、

3 該当する場所とその周辺の地図が表示されます。

4 ＜検索をクリア＞をクリックすると、

5 検索結果が閉じます。

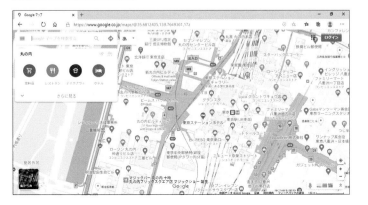

メモ　Googleのトップページから表示する

Googleマップは、Googleのトップページ（https://www.google.co.jp/）から表示することもできます。

1 Googleを開いて（P.76参照）、

2 ＜Googleアプリ＞をクリックし、

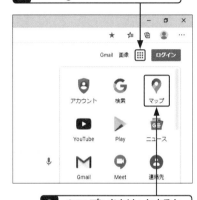

3 ＜マップ＞をクリックすると、

4 Googleマップが開きます。

メモ　現在地が表示される

Webブラウザーで位置情報の提供を許可している場合は、Googleマップで現在位置が表示されます。スマートフォンやタブレット端末のWebブラウザーも同様です。なお、現在地の地図から移動後、＜現在地を表示＞をクリックすると、現在地に戻ります。

目的地までの経路を検索する

目的地までの経路を調べたい場合、Googleで検索すると地図が表示され、経路を視覚的に確認できるので便利です。また、Googleマップに切り替えると、徒歩や自動車といった移動方法ごとの所要時間や、どこを直進し、どこを曲がるかといった経路の詳細を調べることができます。

1 Googleで経路を検索する

メモ 経路を検索する

Googleでは、検索ボックスに「（出発地）から（目的地）」と入力して検索すると、該当する経路が表示されます。
たとえば、東京駅からスカイツリーまでの経路を調べたい場合、検索ボックスに「東京駅からスカイツリー」と入力して検索します。
なお、Googleマップの検索ボックスから直接検索することもできます。

ステップアップ 出発時刻を設定する

出発時刻を設定するには、右ページ上段図で＜すぐに出発＞をクリックし、＜出発時刻＞をクリックしたあと、下に表示される時刻を変更します。ほかにも＜到着時刻＞や＜終電＞での検索もできます。

1 ＜すぐに出発＞をクリックして、

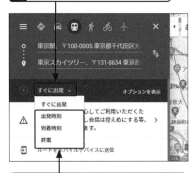

2 検索したい項目をクリックします。

1 「Google」のトップページを表示して（P.76参照）、

2 「（出発地）から（目的地）」（ここでは「東京駅からスカイツリー」）と入力し、

3 Enter キーを押すと、

4 検索結果に経路が表示されます。

5 地図をクリックすると、Googleマップに切り替わります。

2 経路の詳細を表示する

電車・バスを使った経路が表示されています。

1 <車>をクリックすると、

2 移動に車を使う場合の経路に切り替わります。

3 <詳細>をクリックすると、

<サイドパネルを折りたたむ>をクリックすると、サイドパネルが端に折りたたまれ、地図が大きくなります。

4 経路の詳細が表示されます。

メモ 道路の渋滞状況を表示する

Google マップのツールバー左端にある<メニュー>≡をクリックして、<交通状況>をクリックすると、道路の渋滞状況が表示されます。表示された渋滞状況を非表示にするには、再度<メニュー>→<交通状況>をクリックします。

1 <メニュー>をクリックして、

2 <交通状況>をクリックすると、

3 現時点での交通状況が表示されます。

地図を印刷する

覚えておきたいキーワード
- ☑ Google マップ
- ☑ 印刷
- ☑ Snipping Tool

個人での旅行先や仕事での出張先の場所などをインターネットで調べたら、地図を印刷しておくといつでも閲覧できて便利です。Google マップでは、施設名や経路など、画面の見たままに印刷することができます。また、Windows 10 のアプリを使うと、地図の必要な部分だけを印刷することもできます。

1 地図を見たままに印刷する

📝 **メモ** Googleマップを印刷する

Googleマップは、右の手順のほか、<メニュー>をクリックして<印刷>をクリックしても印刷できます。

1 <メニュー>をクリックして、

2 <印刷>をクリックします。

1 経路の詳細を表示して（Sec.32参照）、

2 <印刷>をクリックし、

3 <地図を含めて印刷>をクリックします。

4 <印刷>をクリックすると、

5 印刷プレビューが表示されます。

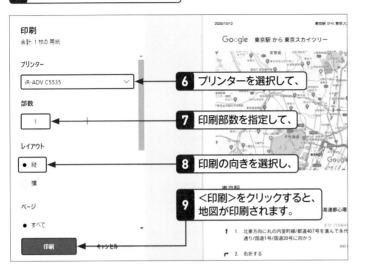

6 プリンターを選択して、

7 印刷部数を指定して、

8 印刷の向きを選択し、

9 <印刷>をクリックすると、地図が印刷されます。

メモ Edgeの機能で地図を印刷する

左の手順では、Googleマップの機能を利用して印刷プレビューを表示しています。Edgeの<設定など>→<印刷>をクリックして印刷プレビューを表示することもできます（Sec.18参照）。

2 地図を必要な部分だけ印刷する

検索スタートメニューで「Snipping Tool」アプリを起動します。

1 <モード>→<四角形の領域切り取り>をクリックして、

2 <新規作成>をクリックし、

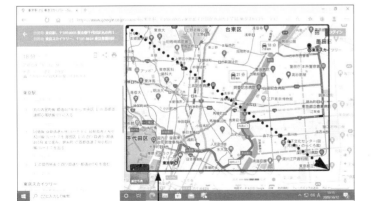

3 地図上をドラッグすると、ドラッグしてできた領域が画像になります。

4 <ファイル>から印刷します（右のステップアップ参照）。

ステップアップ Snipping Toolで印刷する

左の手順に従うと、ドラッグしてできた領域が画像になります。

次に、Snipping Toolで<ファイル>→<印刷>をクリックすると、「印刷」画面が表示されるので、<印刷>をクリックすると、地図が印刷されます。

Snipping Toolの画面

乗換案内を調べる

☑ Yahoo! 路線情報
☑ 出発日時の指定
☑ 乗換案内検索サイト

旅行や出張など、初めて行く場所の場合は、あらかじめ電車の経路や所要時間などを調べておくと安心です。乗換案内の検索サイトを利用すると、日時や出発地、目的地などの条件で検索できるので便利です。急に予定が変更になった場合でも、再検索することで、すぐに新しい経路などを調べることができます。

1 Yahoo! 路線情報を表示する

キーワード Yahoo! 路線情報

「Yahoo! 路線情報」は、Yahoo! JAPAN が運営する路線情報の配信サービスです。鉄道や航空路線などのルートや運賃、運行状況などを検索できます。

●Yahoo! 路線情報

https://transit.yahoo.co.jp/

メモ 運行情報を調べる

Yahoo! 路線情報の<運行情報>をクリックすると、電車の運行情報を確認できます。

1 <運行情報>をクリックして、

2 情報を知りたい路線をクリックします。

1 「Yahoo! JAPAN」のトップページを表示して（P.74参照）、

2 <路線情報>をクリックすると、

3 Yahoo!路線情報のWebページが表示されます。

2 目的地までの情報を調べる

1 ＜出発＞に出発駅を入力して、

2 ＜到着＞に到着駅を入力し、

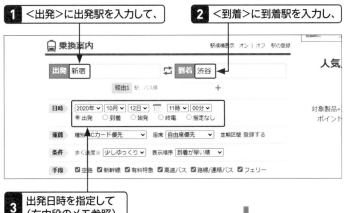

3 出発日時を指定して（右中段のメモ参照）、

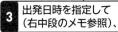

メモ 駅名候補が表示される

出発駅や到着駅を入力する際、駅名を入力し始めると、駅名の候補が表示されます。路線の異なる同じ名称の駅が複数ある場合は、駅名の横に表示される路線名などを参考に選択できるので便利です。

4 運賃の種別や席の指定などを選択し、

5 検索結果の表示順や歩く速度を選択し、

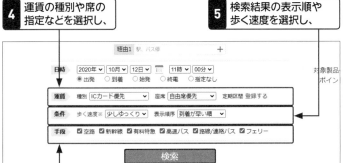

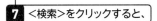

6 利用する交通手段をクリックしてチェックを付け、

7 ＜検索＞をクリックすると、

メモ 出発日時を指定する

左上段図の「日時」で＜出発＞を選択すると、指定した日時に出発駅を出る経路が、＜到着＞を選択すると、指定した日時までに到着する経路が検索されます。また、＜始発＞や＜終電＞を選択すると、始発に乗車する経路や、終電で帰るときの経路を検索できます。

第3章 知りたい情報を収集しよう

8 検索結果が表示されます。

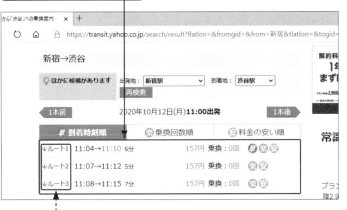

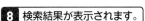

これらをクリックすると、経路の詳細が表示されます。

メモ 乗換案内検索サイト

ここでは、Yahoo! 路線情報を利用していますが、このほかにも以下のような乗換案内の検索サイトがあります。

●ジョルダン
https://www.jorudan.co.jp/
●駅探 (ekitan)
https://www.ekitan.com/
●goo路線
https://transit.goo.ne.jp/
●NAVITIME
https://www.navitime.co.jp/

Section 35 英語のページを翻訳する

翻訳サービスを利用すると、英文を日本語に翻訳することができます。海外のWebページをまるごと日本語に翻訳することもできます。ただし、直訳になるため、日本語の文章として意味がわからなかったり、原文の主旨が正しく伝わらなかったりすることがあるので注意が必要です。

1 Google 翻訳で英文を日本語に翻訳する

キーワード Google 翻訳

「Google 翻訳」は、グーグル社が運営する翻訳サービスです。英語や中国語などを日本語に、または日本語を英語や中国語などに翻訳できます。

メモ Google のトップページから表示する

Google 翻訳は、Googleのトップページ（https://www.google.co.jp/）から表示することもできます。

1 <Googleアプリ>をクリックし、

2 <翻訳>をクリックします。

ヒント 自動的に翻訳される

Google 翻訳では、左のテキストボックスに原文を入力すると、入力した文章が自動的に識別され、日本語に翻訳された文章が右側のテキストボックスに表示されます。

1 アドレスバーに「translate.google.co.jp」と入力して、Enterキーを押すと、

2 Google翻訳が表示されます。

3 翻訳したい英語の文章を入力すると、

4 入力した文章が英語と識別され、自動的に日本語に翻訳されます。

2 Google 翻訳で海外の Web ページを日本語に翻訳する

1 翻訳したいWebページを開き、アドレスバーをクリックすると、URLが選択されます。

2 Ctrl+Cキーを押すと、URLがコピーされます。

3 左ページの手順でGoogle翻訳を表示して、

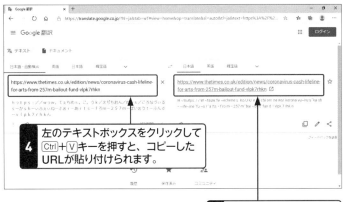

4 左のテキストボックスをクリックしてCtrl+Vキーを押すと、コピーしたURLが貼り付けられます。

5 URLが表示されるので、クリックすると、

6 日本語に翻訳されたWebページが表示されます。

💡 ヒント　Webページを翻訳する

英語などで記述された海外のWebページを日本語に翻訳するには、Google翻訳の左のテキストボックスに海外のWebページのURLを入力します。このとき、海外のWebページのURLをあらかじめコピーしておき、テキストボックス内に貼り付けると、URLを入力する手間を省けるので便利です。

海外のWebページのURLを入力すると、右のテキストボックスにURLが表示されます。これをクリックすると、日本語に翻訳されたWebページが表示されます。

💡 ヒント　日本語を英語に翻訳する

日本語を英語に翻訳するには、原文として日本語の文章を入力します。右側のテキストボックスの上にある＜英語＞をクリックすると、英語に翻訳された文章が表示されます。

⚠ 注意　翻訳がすべて正しいわけではない

Google翻訳を利用して英文を日本語に翻訳すると、英文が直訳されます。そのため、文章としては意味が通らないものや文法が正しくないところなどがあるので注意が必要です。おおよそ内容を把握するための参考程度に考えておきましょう。

🖊 メモ　そのほかの翻訳サービス

ここではGoogle翻訳を紹介しましたが、ほかに次のような翻訳サービスもあります。

● Weblio翻訳
https://translate.weblio.jp/

● エキサイト翻訳
https://www.excite.co.jp/world/

音声入力で検索する

覚えておきたいキーワード
- ☑ 音声アシスタント
- ☑ Cortana
- ☑ 検索ボックス

デスクトップ画面に表示されている音声アシスタント機能「Cortana（コルタナ）」を使って、Webページを検索することもできます。このCortanaは、Web検索以外にもパソコン内のアプリやファイル、設定項目なども探すことができる便利な機能です。

1 音声で検索する

 ヒント 検索ボックスを使用する

デスクトップ画面に表示されている検索ボックスでも、Webページを検索することができます。なお、Cortanaと検索ボックスでWeb検索を行う場合は、検索エンジンが「Bing」に固定されています。

1 検索ボックスにキーワードを入力します。

2 検索候補の中から、検索したいキーワードをクリックします。

⬇

3 「Bing」で検索した結果が表示されます。

CortanaのWeb検索は、Microsoftアカウントでサインインすると使えます。

1 検索ボックス内のマイクのアイコンをクリックします。

はじめて利用する場合は、＜許可します＞をクリックします。

⬇

2 検索したいキーワードを話しかけます。

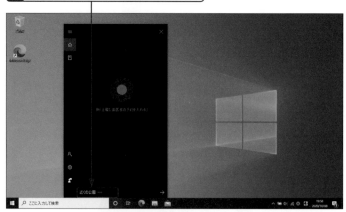

「Bing」で検索した結果が表示されます。

第3章 知りたい情報を収集しよう

Chapter 04

第4章

ネットショッピングを活用しよう

Section 37 Amazonの利用をはじめる

Amazonでは、商品を検索するだけならばアカウントは必要ありません。アカウントは、商品を購入する場合に必要です。ここでは、Amazonのアカウントを作成し、利用登録する方法について解説します。なお、アカウントは無料で取得できますが、メールアドレスが必要です。

1 Amazonに会員登録する

🔍 キーワード Amazon

「Amazon（アマゾン）」は、世界最大級のネットショップで、日本だけでなく、海外でも広く利用されています。電子書籍の販売や映像配信サービスなども行っています。
なお、日本では、Amazon.co.jpがサービスを展開しています。

● Amazon
https://www.amazon.co.jp/

🔍 キーワード メルカリ

「メルカリ」は、株式会社メルカリが運営するフリーマーケットのアプリおよびWebサイトです。簡単に商品の売り買いが楽しめ、登録も無料です。元々はスマートフォン用アプリのため、ブラウザー版は一部機能が制限されています。

● メルカリ
https://www.mercari.com/jp/

1 アドレスバーに「amazon.co.jp」と入力し、

2 Enterキーを押すと、

3 Amazonのホームページが表示されます。

4 <アカウント&リスト>にマウスポインターを合わせて、

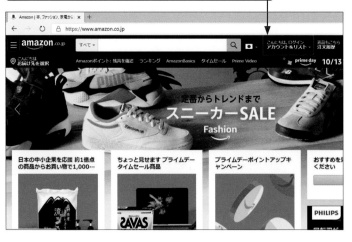

第4章 ネットショッピングを活用しよう

第

4

章

ネットショッピングを活用しよう

5 <新規登録はこちら>をクリックします。

6 名前やメールアドレス、パスワードなどを入力して、

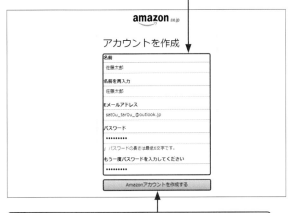

7 <Amazonアカウントを作成する>をクリックすると、

8 Eメールアドレスの確認ページが表示されます。

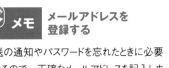

メモ　メールアドレスを登録する

発送の通知やパスワードを忘れたときに必要になるので、正確なメールアドレスを記入しましょう。

メモ　Amazonのアカウントを取得する

Amazonで実際に買い物をするには、会員登録が必要です。会員登録は無料でできますが、メールアドレスが必要です。また、年齢制限もありませんが、20歳未満の会員が商品を購入するには、親権者または後見人の承諾が求められます。詳しくは、手順**3**の画面の<利用規約>をクリックすると表示される「利用規約」を参照してください。

キーワード　ヤフオク!

「ヤフオク!」は、Yahoo! JAPANが運営する、国内最大規模のネットオークションサイトです。会員登録すると、ほかのユーザーが出品している商品に入札したり、自分で商品を出品したりできます。

● ヤフオク!
https://auctions.yahoo.co.jp/

103

注意 パスワードを忘れないようにする

Amazonでは、ログインする場合にメールアドレスとパスワードが必要になります。パスワードはほかのサービスとは異なるものを利用し、また、忘れないようにしましょう。ただし、万が一忘れてしまった場合は、再設定することができます（右ページの上段のヒント参照）。

ヒント Amazonのトップページに戻るには？

さまざまな商品を検索し、ページを遷移しているうちに、ブラウザの＜戻る＞ボタンを押してもなかなかトップページに戻れないということもあります。そんなときは、Amazonのホームページの左上にある「amazon.co.jp」のロゴをクリックしましょう。すぐにトップページを表示できます。

9 登録したメールアドレス宛に届いたコードを確認し、

10 ここに入力します。

11 ＜アカウントの作成＞をクリックすると、

12 アカウントが作成され、サインインします。

佐藤太郎さん

ユーザー名が表示されます。

2 Amazonにログインする

メモ ログインする

Amazonでのサービスを利用するには、ログインします。ログインするには、右の手順に従います。なお、インターネットに接続できる状態であれば、外出先のパソコンやスマートフォンなどからWebブラウザーを起動してAmazonのトップページを表示し、ログインすることができます。

一度ログアウトした状態で操作しています。

1 ＜アカウント&リスト＞にマウスポインターを合わせて、

2 ＜ログイン＞をクリックします。

3 メールアドレスを入力して、

4 ＜次に進む＞をクリックし、

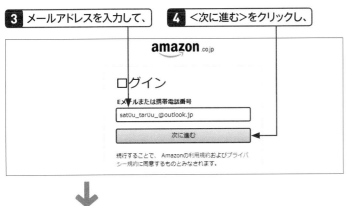

5 パスワードを入力して、

6 ＜ログイン＞をクリックすると、

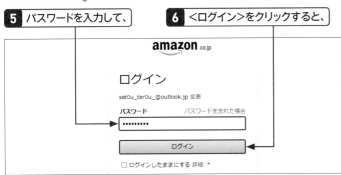

7 ログインします。

8 ＜アカウント&リスト＞にマウス
ポインターを合わせて、

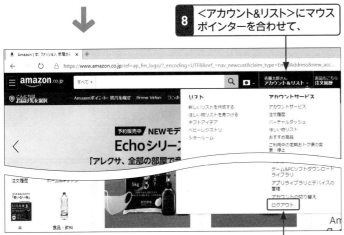

9 ＜ログアウト＞をクリックすると、ログアウトします。

ヒント パスワードを忘れて
しまった場合は？

ログインするためのパスワードを忘れてしまった場合、手順**3**の画面で＜お困りですか？＞→＜パスワードを忘れた場合＞をクリックします。下図の画面が表示されるので、アカウントに登録しているメールアドレスを入力して＜次に進む＞をクリックし、次に＜新しいパスワードを設定してください＞を選択し、＜次に進む＞をクリックします。入力したメールアドレスにメールが届くので、メールに記載されているセキュリティコードを次の画面で入力し、＜続行＞をクリックします。パスワードを再設定するための画面が表示されるので、新しいパスワードを入力して、＜変更内容を保存＞をクリックします。パスワードが再設定され、改めてサインインされます。

注意 なりすましなどに
注意する

インターネットでは、残念ながら「なりすまし」や「フィッシング詐欺」といったトラブルに注意する必要があります。セキュリティに注意して安全に楽しみましょう。

メモ ログアウトする

Amazonでのサービスの利用を終了するには、ログアウトします。ログアウトするには、左の手順に従います。特に、共用のパソコンや借りたパソコンでAmazonにログインした場合は、必ずログアウトしておきましょう。

Amazonを
安全に利用する

覚えておきたいキーワード
☑ ログイン
☑ 2段階認証
☑ ワンタイムパスワード

Amazonは住所やクレジットカードなどの個人情報を登録して買い物をします。より安全に楽しく利用するために、セキュリティ対策はしっかり行いましょう。ここでは、Amazonが推奨している2段階認証の登録方法を解説します。ログインに少し工数がかかるようになりますが、安全性は高まります。

1 2段階認証を設定する

キーワード 2段階認証とは

インターネットの各種サービスへログインする際に行う認証方法のうち、2つの認証方法を組み合わせて、より安全性を高めるしくみのことです。Amazonの2段階認証では、ユーザーIDとパスワードを入力して認証する方法と、あらかじめ登録した端末宛にワンタイムパスワード（P.108上段のキーワード参照）が送られ、そのコードを入力する方法の2種類の認証方法を組み合わせます。

Amazonにログインしています（P.104参照）。

1 ＜アカウント＆リスト＞をクリックします。

2 アカウントサービス画面が表示されるので、

ヒント アカウントの管理方法

Amazonでは、住所やクレジットカードカード情報などの個人情報を登録して買い物をします。そのため、アカウント情報は他人に漏洩しないよう、しっかり管理しましょう。P.33の「アカウントを慎重に管理する」もぜひ確認してください。

3 ＜ログインとセキュリティ＞をクリックします。

4 パスワードを入力して、

5 <ログイン>をクリックします。

6 <2段階認証の設定>の<編集>をクリックして、

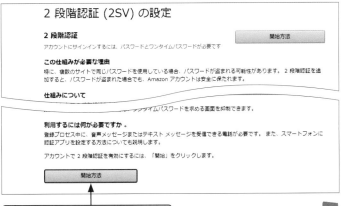

7 <開始方法>をクリックします。

ヒント　安全に取引するために

Amazonでは、安全に取引できるようさまざまな対策を講じています。しかし、利用者自身も被害に合わないよう、注意することが肝要です。特に、以下のような点に注意してください。

・ユーザ ID、パスワードは他人に知られないようにする
・特に複数人が使用する端末では、利用後に必ずログアウトする
・「Amazon.co.jp」になりすました電話やメールには一切対応しない
・購入前に、商品の詳細画面で販売元の情報を確認する。また、商品の詳細画面にあるカスタマーレビュー（P.111下段のヒント参照）でトラブルが発生していないか確認し、あやしい販売元からは購入しない
・必ずAmazonのWebサイト上でのみ決済する。そのほかの方法で支払いを指示されても一切対応しない

キーワード ワンタイムパスワード

1度しか使えないパスワードのことです。主に、インターネット上のサービスで認証する際に自動で発行されるパスワードを指します。もしワンタイムパスワードが盗まれても、同じパスワードは二度と使用できないので、不正アクセスを防ぎ安全性を高めることができます。

メモ アプリを使って認証する

Amazonでは、SMSによる認証のほか、「Google Authenticator」などのスマートフォン専用2段階認証アプリを使って認証することもできます。手順**8**の下部にある<認証アプリ>を選択し、スマートフォンのアプリで画面に表示されたQRコードを読み込みます。アプリに表示されたセキュリティコードを画面に入力し、<コードを確認して続行>をクリックすると設定できます。以降は、ログイン時にアプリを起動し、アプリに表示されたワンタイムパスワードを画面に入力することで認証が完了します。

8 SMSを受け取れる電話番号を入力し、

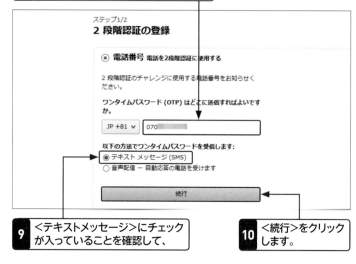

9 <テキストメッセージ>にチェックが入っていることを確認して、

10 <続行>をクリックします。

11 SMSで受信したコードを入力して、

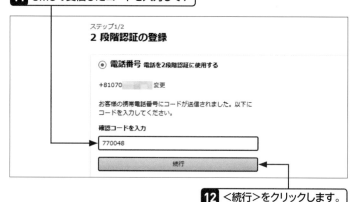

12 <続行>をクリックします。

13 <わかりました。2段階認証を有効にする>をクリックします。

ここにチェックを入れると、次回以降同じブラウザでアクセスした際、2段階認証を省略できます。

14 2段階認証が設定されます。

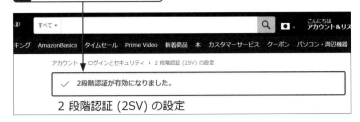

2 段階認証 (2SV) の設定

2 2段階認証を使ってログインする

P.104を参考に、ログイン画面でメールアドレスと
パスワードを入力します。

1 2段階認証画面が表示されたら、登録した電話番号宛に
SMSが届きます。

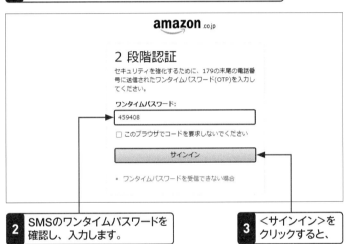

2 SMSのワンタイムパスワードを
確認し、入力します。

3 <サインイン>を
クリックすると、

4 ログインされ、Amazonのトップページが表示されます。

📝 **メモ** **2段階認証を無効にする**

もしなんらかの事情で2段階認証を無効にする場合は、2段階認証の設定画面を表示し、<無効化>をクリックします。続いて、登録した電話番号宛にSMSで届いたセキュリティコードを入力し、<サインイン>をクリックします。無効化の注意点をよく読み、<2段階認証の設定をリセット>にチェックを入れ、最後に<無効化>をクリックします。

1 2段階認証の設定画面を表示し、

2 <無効化>をクリックします。

3 SMSで届いたセキュリティ
コードを入力し、

4 <サインイン>を
クリックします。

5 <2段階認証の設定をリセット>
にチェックを入れ、

6 <無効化>
をクリック
します。

ほしい商品を探す

覚えておきたいキーワード
- ☑ 商品の検索
- ☑ カスタマーレビュー
- ☑ Amazon マーケットプレイス

Amazon は、書籍から音楽 CD、家電製品、食料品など、数多くの商品を扱うネットショップです。ここでは Amazon で商品を探す手順を解説します。検索する方法には、カテゴリーから検索する方法とキーワードから検索する方法があります。使い分けてショッピングを楽しみましょう。

1 カテゴリーから商品を検索する

メモ カテゴリーから検索する

欲しい商品の商品名などが具体的にわからない場合は、カテゴリーから検索します。また、キーワードで検索したときでも、検索結果にたくさんの商品が表示された場合は、ブランド名などで検索結果を絞り込んでみましょう。絞り込むためのメニューは検索結果画面の左側に表示されます。

メモ アドレスやショップ名に注意する

インターネット上には、本物のネットショップと似ているアドレスや似ている名前のWebページもあります。万が一のトラブルを避けるためにも、ネットショップで買い物をするときは、URLやショップ名が正しいかどうか確認しましょう。URLは、アドレスバーをクリックすると確認できます。また、リンク先のURLは、リンクにマウスポインターを合わせて確認することができます。

1 Amazonのホームページを表示し（P.102参照）、

2 ここをクリックすると、

3 おおまかなカテゴリーが表示されるので、クリックします。

4 次の画面で詳細なカテゴリーをクリックすると、

これらをクリックすると、さらにカテゴリーを絞り込むことができます。

5 商品の一覧が表示されます。

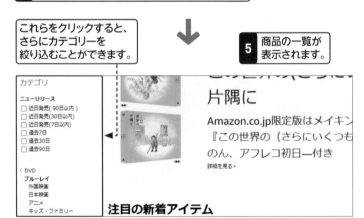

2 キーワードから商品を検索する

1 ここをクリックして、

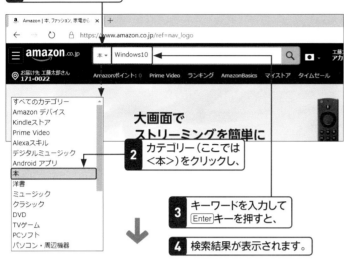

2 カテゴリー（ここでは
＜本＞）をクリックし、

3 キーワードを入力して
Enter キーを押すと、

4 検索結果が表示されます。

5 商品をクリックすると、

6 商品の詳細情報が表示されます。

 **メモ　キーワードから
検索する**

欲しい商品の商品名などが具体的にわかっている場合は、キーワードから検索します。ただし、大量の検索結果が表示されることがあります。キーワード検索をする場合でも、カテゴリーを指定して検索したほうが、目的の商品を探しやすくなります。

**キーワード　Amazon
マーケットプレイス**

Amazonでは、Amazonが直接販売する商品のほかに、個人や小売業者などが商品を出品していることがあります。これを「Amazonマーケットプレイス」といい、取引方法が異なることがあります。注文をする際には画面の情報をよく確認しましょう。

**ヒント　ほかのユーザーの
感想を参考にする**

商品紹介のページに、＜○件のカスタマーレビュー＞と表示されていることがあります。カスタマーレビューとは、その商品を購入したり利用したりした人が書き込んだ感想や商品の評価のことで、口コミのようなものといえます。これから購入する場合は、カスタマーレビューを参考にしてもよいでしょう。

Section 40 商品を購入する

Amazonで欲しい商品を検索したら、購入の手続きをします。はじめて購入するときは、商品の届け先や支払い方法を登録します。注文を確定する前に、必ず入力内容を確認しましょう。注文後は、購入した旨メールが届きます。こちらも必ず確認してください。

覚えておきたいキーワード
- ☑ 購入
- ☑ 支払い方法の登録
- ☑ カート

1 商品の購入をすすめる

🔍 キーワード カート

「カート」は、購入予定の商品を一時的に保管しておく買い物カゴのことです。商品を購入する際には、注文予定の商品をカートに入れていきます。カートに入れた商品は、注文を確定するまでは取り消すことができます。

✍ メモ カートの中身を確認する

商品を選んで＜カートに入れる＞をクリックすると、カートに商品が登録されます。カートの中を確認したい場合は、画面右上の＜カート＞をクリックします。

💡 ヒント 買い物を続ける

商品をカートに入れたあと、さらに買い物を続けたい場合は、手順④の画面からキーワード検索やカテゴリー検索で商品を検索し、同じようにショッピングカートに入れます。＜レジに進む＞をクリックするまでは、買い物を続けることができます。

Amazonにログインしています（P.104参照）。

1 Sec.39を参考に商品の詳細情報を表示して、

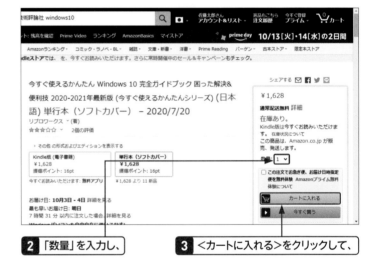

2 「数量」を入力し、

3 ＜カートに入れる＞をクリックして、

4 ＜レジに進む＞をクリックします。

第4章 ネットショッピングを活用しよう

112

はじめて購入する場合は、届け先の情報を登録します。

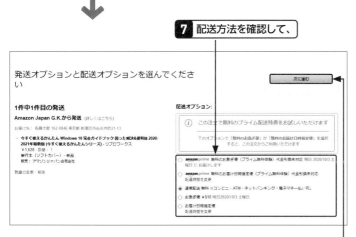

メモ 商品の届け先を
登録する

左の図では、注文した商品の届け先を登録
します。次回以降は、登録した届け先が表
示されるので、<この住所に届ける>をクリッ
クします。<編集>をクリックして、届け先
の情報を編集することもできます。

<この住所に届ける>を
クリックします。

ヒント 届け先を追加する

職場や友人宅など、設定した住所以外に届
けてほしい場合、届け先を追加できます。届
け先を追加するには、「お届け先住所の選
択」画面を下へスクロールして、「新しい住
所を追加する」に届け先の情報を入力し、
<住所を追加>をクリックします。

ステップアップ 配送方法を選択する

配送方法は、初期設定では、「通常配送」
が指定されていますが、「お急ぎ便」または「
お届け日時指定便」を選択することもできま
す。「通常配送」は1〜3営業日程度で配
送され、送料は条件によって変わります。「お
急ぎ便」と「お届け日時指定便」は別途追
加料金が必要になりますが、希望日時を指
定したい、いち早く商品を受け取りたいとい
う人向けのサービスです。

113

2 支払い方法を登録して購入する

メモ Amazonの配送料

Amazonでは、通常配送時の配送料を以下のように設定しています（2020年12月現在）。Amazonマーケットプレイスはさらに別の料金系体となります。注文時に、配送料も確認しましょう。

なお、販売元がAmazonマーケットプレイスでも、出荷元がAmazon.co.jpの場合、以下表の料金形態が適応されます。

●Amazon.co.jpから通常発送される場合

条件	お届け先	
	本州・四国 （離島を除く）	北海道・九州・ 沖縄・離島
注文金額 2,000円 以上	無料	無料
注文金額 1,999円 以下	410円	450円

メモ 支払い方法を選択する

代金の支払い方法は、クレジットカードのほかに、代金引換やコンビニエンスストアでの支払い、銀行振込、電子マネーなどが利用できます。なお、クレジットカード、代金引換、Amazonギフト券、Amazonショッピングカードまたはクーポン以外での支払いの場合は、代金支払い（振り込み）後の配送手続きとなります。

Amazonギフト券を
利用することもできます。

ここではクレジットカードを登録します。

クレジットカード以外の
支払い方法を選択する場合は、
これらをクリックします。

1 ＜クレジットまたはデビットカードを追加＞をクリックして、

2 クレジットカードの情報を入力し、

3 ＜カードを追加＞をクリックします。

4 ＜続行＞をクリックします。

Amazonに登録されている住所があれば、
入力を省略できます。

5 ＜この住所に届ける＞をクリックします。

6 注文内容をしっかり確認して、

7 <注文を確定する>を
クリックすると、

Amazonには、お届け先住所と請求先住所
があります。請求先住所には、支払者の住
所を登録しておく必要がありますが、特に
Amazonから請求書や領収書が送られると
いうことはありません。
領収書はP.124下段のメモの手順で発行で
き、お届け先住所と請求先住所の両方が
記載されます。

8 購入手続きが完了します。

手順**6**の注文内容確認画面では、商品・
お届け先住所・配達日・支払い方法・料金
などをしっかりと確認してから、<注文を確定
する>をクリックしてください。注文後に内容
の誤りを確認した場合、Sec.41を参考に注
文内容の変更・またはキャンセルを行います。

3 メールで購入を確認する

購入手続きが完了すると、その旨を
伝えるメールが届きます。

1 メールを開き、内容を確認
します。

注文番号などが記載されているので削除しないように
注意しましょう。

商品によっては、ギフトラッピングやギフトメッ
セージを追加することができます。お届け先
住所にギフトを贈りたい相手の情報を設定す
れば、梱包やメッセージを付けてギフトを配送
することができます。
手順**6**の注文内容確認画面にて、ギフトに
設定したい商品の<ギフトの設定>をクリック
しましょう。ラッピング（有料）の選択やメッセー
ジの入力を行い、<ギフトの設定を保存>を
クリックするとギフトの設定ができます。

41 注文内容を変更・キャンセルする

<table>
<tr><td colspan="2">覚えておきたいキーワード</td></tr>
<tr><td>☑</td><td>注文内容の表示</td></tr>
<tr><td>☑</td><td>注文内容の変更</td></tr>
<tr><td>☑</td><td>キャンセル</td></tr>
</table>

注文したあとで、届け先を変更したり、支払い方法を変更したりしたいときもあります。Amazon では、注文後でも、出荷準備が始まっていない商品であれば、注文内容の一部を変更することが可能です。また、注文をキャンセルしたい場合も、出荷準備前であればキャンセルできます。

1 注文内容を確認する

メモ 注文内容を変更する

注文内容を変更ができるのは、出荷準備が始まっていない未発送の商品のみです。変更できる内容は、お届け先住所や支払い方法です。注文商品が「出荷準備中」または「発送済み」の場合、注文内容の変更はできません。「出荷準備中」の場合は、P.119の手順で注文をキャンセルできます。
なお、注文内容を変更すると、配達日が変更となる可能性があります。

ヒント 支払い方法を変更する

手順❹の注文の詳細画面では、住所のほか支払い方法も変更できます。「支払い方法」の<変更>をクリックして、支払い方法を再選択してください。なお、コンビニ・ATM・電子マネー払いを選択した場合は変更できません。P.119の手順で注文をキャンセルするか、お支払い番号の有効期限が切れるまで待ちましょう（自動で注文キャンセルされます）。

> 支払い方法の<変更>をクリックして
> 支払い方法を再選択します。

> Amazonにログインしています（P.104参照）。

1 <注文履歴>をクリックします。

> ログイン画面が表示されたら、パスワードを入力してログインします。

2 注文した商品が表示されるので、

3 <注文内容の表示と変更>をクリックします。

第4章 ネットショッピングを活用しよう

4 注文の詳細画面が表示されます。

10月3日から10月4日の間に到着予定

2 注文内容を変更する

ここでは、住所を変更します。

1 お届け先住所の<変更>をクリックします。

重要なお知らせ
お届け先を変更すると配送料が変更になる場合がありますので、ご注意ください。

「このお届け先に送る」ボタンをクリックして、住所を指定してください。新しい住所を登録する場合は、国内の住所を入力する または 力してください。

2 <国内の住所を入力する>をクリックします。

メモ 既定の住所を変更する

Amazonでは、最初に入力した住所が「既定の住所」として登録されます。既定の住所は、商品配達日の基準となり、購入時に届け先住所として優先的に表示されます。既定の住所を変更する場合は、Amazonのトップページの<アカウント&リスト>にある<アドレス帳>から設定します。

1 <アカウント&リスト>をクリックします。

2 <アドレス帳>をクリックします。

3 <新しい住所を追加>をクリックします。

4 設定する住所を入力して、

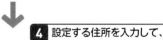

5 <住所を追加>をクリックします。

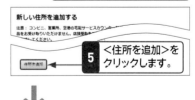

6 <既定の住所に設定>をクリックします。

117

ヒント　注文後に商品を追加できる?

基本的に、確定した注文に後から商品を追加することはできないため、別途注文する必要があります。ただし、別々に注文した場合でも、「同一アカウントからの複数注文」かつ「届け先が同一」の場合、Amazonの「自動一括梱包」機能により、ひとつにまとめて梱包され、配達されることもあります（配送料や手数料は注文時から変更されません）。ちなみに、複数の商品を同時に注文した場合でも、在庫状況などにより別々に配達される可能性があります。

メモ　メールで変更内容を確認する

Amazonで変更手続きが完了すると、その旨を伝えるメールが届きます。内容に間違いがないか、再確認しましょう。

3 新しい届け先の情報を入力して、

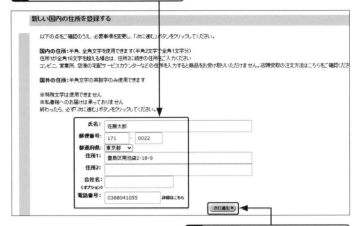

4 <次に進む>をクリックします。

5 クレジットカード情報を再入力して、

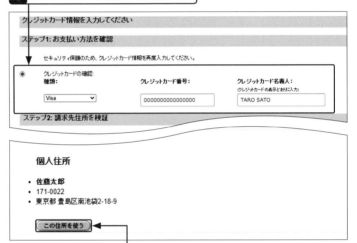

6 先ほど入力した住所の<この住所を使う>をクリックします。

7 お届け先住所が変更されました。

3 注文をキャンセルする

 メモ キャンセルする

注文をキャンセルするには、左の手順に従います。ただし、キャンセルできるのは、出荷準備が始まっていない未発送の商品です。キャンセルができる場合は、注文履歴の画面に<商品をキャンセル>が表示されます。

1 <注文履歴>をクリックします。

2 注文した商品が表示されるので、

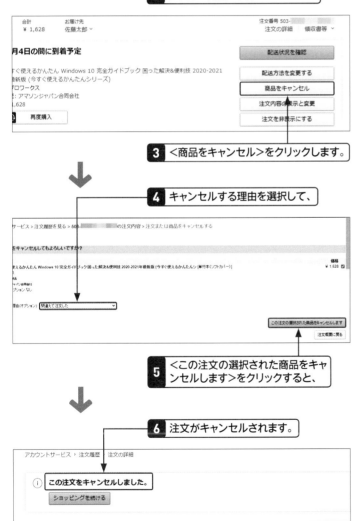

3 <商品をキャンセル>をクリックします。

4 キャンセルする理由を選択して、

5 <この注文の選択された商品をキャンセルします>をクリックすると、

6 注文がキャンセルされます。

 メモ メールで
キャンセルを確認する

Amazonでの購入をキャンセルすると、その旨を伝えるメールが届きます。誤りがないかなど、内容を確認しましょう。

商品の販売元に直接問い合わせる

発送されたはずの商品がまだ届かない、購入前に商品について詳しく聞きたいなどの疑問は、販売元に直接問い合わせましょう。商品の詳細ページに販売元についての情報が記載されているため、そこからチャットや電話で問い合わせることができます。

1 注文履歴から問い合わせ先を表示する

ヒント 購入前に問い合わせる

商品を購入する前に販売元へ問い合わせたい場合は、問い合わせたい商品の詳細情報画面を表示し（Sec.39参照）、あとは手順4と同様に販売元をクリックして、＜質問する＞から問い合わせましょう。販売元の電話番号が記載されている場合、電話で問い合わせることも可能です。

メモ 回答内容を確認する

チャットを通じて販売元へ送信された質問の回答は、メールで届きます。登録したメールアドレスのアプリを確認してください。
なお、今まで届いたメッセージについては、「メッセージセンター」でも確認することができます。

1 ＜アカウント＆リスト＞をクリックして、

2 ＜メッセージセンター＞をクリックします。

3 確認したいメッセージをクリックすると、内容を確認できます。

Amazonにログインしています（P.104参照）。

1 ＜注文履歴＞をクリックします。

2 注文した商品が表示されるので、

3 問い合わせをしたい商品名をクリックします。

4 販売元をクリックします。

販売元の詳細ページが表示されます。

5 <質問する>をクリックします。

AnkerDirectにご質問がありますか？

質問する

カスタマーサービスの電話番号: 034-455-7823

2 チャットで問い合わせる

チャット画面が表示されます。

1 ここでは、<注文済みの商品>をクリックします。

選択

2 質問をしたい商品の<選択>をクリックします。

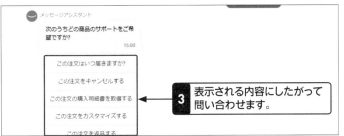

3 表示される内容にしたがって問い合わせます。

Amazonのカスタマーサービスを利用する

Amazonにて販売・発送している商品の場合、問い合わせ先はAmazonになります。Amazonのカスタマーサービス画面より、チャットまたは電話で問い合わせましょう。

左ページの手順を参考に、問い合わせたい商品の詳細情報を表示します。

1 「販売元」の<Amazon.co.jp>をクリックして、

販売業者
アマゾンジャパン合同会社
〒153-0064
東京都目黒区下目黒1-8-1
日本
電話: 0120-899-543 （電話番号のかけ間違いにご注意ください。
カスタマーサービスに連絡 お願いします。）

2 <カスタマーサービスに連絡>をクリックします。

3 <チャットを続ける>をクリックして、

4 チャットの指示にしたがって問い合わせます。

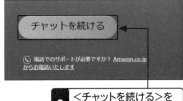

AIチャットボット | カスタマーサービス

お問い合わせありがとうございます。AmazonのAIチャットボットです。

できる限りお客様の問題を解決するためにサポートをさせていただきます。

ボタンを選択いただくか、お問い合わせ内容を入力のうえ、送信を押してください。

18:41

商品の配送状況を確認する

覚えておきたいキーワード
☑ 配送状況の確認
☑ 置き配
☑ トラッキングID

Amazonから発送される商品は、AmazonのWebサイト上で配送状況を確認できます。各状況ごとに詳細が表示されるため、荷物を見失うことがなく、安心です。Amazonマーケットプレイスから発送される商品については、配送状況が表示されないこともあります。担当している配送業者へ問い合わせましょう。

1 現在の配送状況を表示する

ステップアップ 置き配の場所を変更する

「置き配」とは、配達業者が荷物を手渡しせず、指定された場所に商品を置き、サインなどのやりとりを省略して配達完了とする方法です。配達先が置き配対象エリアの場合、置き配に対応している商品、かつAmazonが発送元である商品に対して、標準で「玄関に置き配する」が設定されています。これを変更するには、商品注文時に住所選択画面または最終確認画面で「配送指示（置き配含む）」をクリックして設定しましょう。なお、注文後に変更したい場合、注文履歴画面から設定できます（発送した段階から変更可能です）。

一度設定した情報は、次回以降の注文にも引き継がれます。

1 ＜配送指示（置き配含む）＞をクリックします。

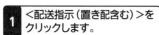

2 荷物を置く場所を指定します。

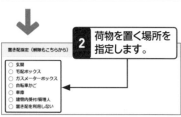

置き配を利用しない設定にもできます。

Amazonにログインしています（P.104参照）。

1 ＜注文履歴＞をクリックします。

2 問い合わせをしたい商品の＜配送状況を確認＞クリックします。

配送状況確認画面が表示されます。

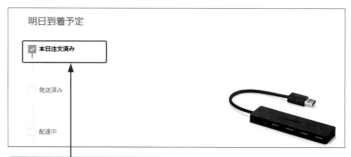

3 現在の状況が表示されます。

2 配送状況を追跡する

発送されると、このように表示されます。

1 <さらに表示>をクリックします。

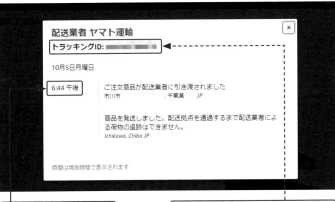

2 さらに詳しい状況が表示されます。

トラッキングIDより、各配達業者へ問い合わせができます。

3 完了すると、注文履歴にその旨が表示されます。

メモ 各配送業者に問い合わせる

Amazonマーケットプレイスから発送される商品は、配送状況が表示されないことがあります。荷物を追跡したい場合、配送状況確認画面やメールに記載されているトラッキングID（問い合わせ番号）を控え、各配送業者のWebサイト、または問い合わせ電話番号から連絡し、状況を確認しましょう。

ここでは、ヤマト運輸のWebサイトを例に確認します。

1 ヤマト運輸の荷物問い合わせサイト（https://toi.kuronekoyamato.co.jp/cgi-bin/tneko）を表示します。

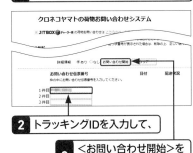

2 トラッキングIDを入力して、

3 <お問い合わせ開始>をクリックします。

4 現在の状況が表示されます。

ヒント 商品が届いていない？

注文履歴で「配達が完了しました」と表示されているのに商品を受け取っていない場合は、以下の点を確認しましょう。

・住所に誤りがないか

・郵便ポストや宅配ボックスにないか

・家族や同居人が受け取っていないか

・置き配にされていないか

商品の返品・交換手続きをする

覚えておきたいキーワード
- ☑ 返品
- ☑ 交換
- ☑ QR コード

Amazonでは一部の商品を除き、返品または交換をすることができます。Amazonが直接販売・発送している場合、Amazonマーケットプレイスの商品をAmazonが発送している場合、Amazonマーケットプレイスが販売・発送している場合で返品・交換の対応はそれぞれ異なります。

1 商品の返品手続きを行う

💡 **ヒント** 商品の返品期限はいつまで？

Amazonで販売されている商品は、商品到着から30日以内であれば、返品・交換ができます。ただし、受注生産品や外装のみに損傷がある場合、使用済みの場合など、商品や条件によっては返品・交換できないケースもあります。

1 <注文履歴>をクリックして、

2 返品したい商品の<商品の返品>クリックし、

🖊 **メモ** 領収書を発行する

購入した商品の領収書を発行するには、手順**2**の注文履歴画面で、発行したい商品の<領収書等>→<領収書／購入明細書>をクリックします。領収書が表示されたら、P.60の方法で該当のページを印刷します。

3 <回答を選択してください>をクリックします。

第4章 ネットショッピングを活用しよう

4 返品の理由を選択し、

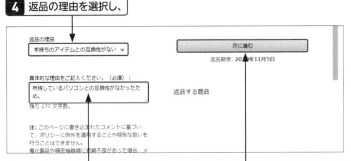

5 具体的な返品理由を入力して、　**6** <次に進む>をクリックします。

7 希望の返金方法を選択して、　**8** <次に進む>をクリックします。

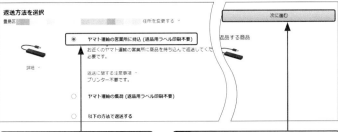

9 希望の返品方法を選択して、　**10** <次に進む>をクリックします。

11 返品方法が表示されるため、手順にしたがって商品を返送します。

ヒント
自己都合による返品・交換の配送料

自己都合による返品・交換の場合、配送料は自己負担となるため、元払いにて発送します。商品が破損していた、注文した商品と違う商品が届いたなど、購入者に非がない場合、配送料はかかりません。着払いで発送しましょう。配送料については、手順**9**の画面で確認できます。

メモ
Amazonマーケットプレイスが発送元の場合

Amazonマーケットプレイスが販売・発送元の場合、返品のやりとりは販売元と直接行うことになります。<商品の返品>より返品手続きを実施すると、販売元へ返品リクエストが送られます。販売元より返品可否についてメールが送られてくるため、内容にしたがって商品を返品しましょう。

なお、販売元の詳細ページを表示して（P.120参照）、「返品、保証、払い戻し」タブをクリックすると、販売元の返品に関する対応方針を確認できるので、事前にチェックしましょう。

ステップアップ
受取拒否で返品する

注文した商品のキャンセル処理（P.119参照）が間に合わなかった場合、一度受け取って返品するか、配送時に受け取りを拒否するという方法があります。Amazonが発送する商品の場合、受け取りを拒否すれば、商品はAmazonへ返送され、金額が返金されます。Amazonマーケットプレイスから販売・発送される商品の場合は、事前にキャンセルしたい旨を販売元に直接連絡しましょう。そのとき、受け取り拒否の指示があった場合のみ、受け取り拒否をします。

受け取り拒否は、サインをせず、配達業者に「返品のため受け取りを拒否します」と伝えるのみです。

2 指定の方法で返品する

ヒント QRコードをスマートフォンで確認する

ヤマト運輸の営業所で手続きをするための
QRコードは、メールでも届きます。スマートフォンよりメールアプリを開き、手続きをしてもよいでしょう。

メモ 同梱する書類について

そのほかの配送業者を利用して返品をする場合、返品用ラベルを同梱する必要があります。以下の手順にしたがって、商品を梱包・発送しましょう。

●プリンターが利用できる場合
①返品用ラベルを印刷する
＜返品用ラベルと返送手順を表示＞をクリックし、表示される返品ラベルのページを印刷する。
②ラベルを同梱する
返品用のダンボールや封筒に、返品用ラベルを同梱する。
③返品する
返品方法のページに記載されている日本郵便の集荷を利用するか、通常の宅配便と同様に着払い・元払いの伝票を記入して各配送業者より発送処理を行う。

●プリンターが利用できない場合
返品ラベルの代わりに以下の情報を同梱して、上記の③と同様に発送する。
・商品到着時に貼付されていた「sp」から始まるバーコード（商品が入っていたパッケージが使用できる場合はそのまま使用するとよい）
・返品ラベルに表示されているIDを手書きしたメモ
・商品到着時の出荷ラベルにあるバーコードまたはお問い合わせ番号
・商品到着時に同梱されていた納品書

ヤマト運輸の営業所に直接持ち込む

梱包した荷物を最寄りのヤマト運輸営業所へ持ち込み、スマートフォンで以下のような操作をします。

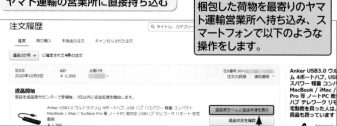

1 注文履歴を表示して、

2 返品する商品の＜返品用ラベルと返送手順を表示＞をクリックします。

3 表示されたQRコードを、営業所にある端末に読み込ませると、送り状が出力されます。

ヤマト運輸の集荷を利用する

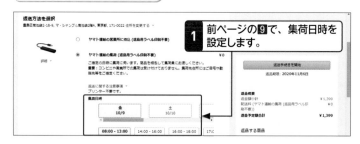

1 前ページの⑨で、集荷日時を設定します。

そのほかの配送業者を利用する

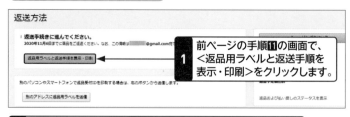

1 前ページの手順⑪の画面で、＜返品用ラベルと返送手順を表示・印刷＞をクリックします。

2 次のページの返品ラベルを印刷または紙にメモして、商品に同梱し、通常の宅配と同様に配達業者へ配達を依頼します。

3 商品を交換する

1 商品の注文履歴を表示して（P.122参照）、

2 交換したい商品の＜商品の返品＞をクリックします。

3 交換の理由を入力し、

4 ＜次に進む＞をクリックします。

5 ＜交換＞をクリックし、

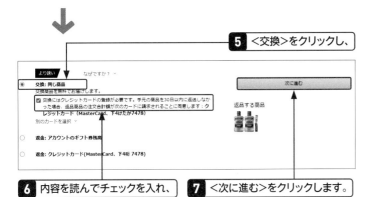

6 内容を読んでチェックを入れ、

7 ＜次に進む＞をクリックします。

8 配送方法を設定して＜返送手続きを開始＞をクリックすると、

9 交換手続きが完了します。

ヒント　交換の流れ

Amazonが販売・発送する商品については、一部商品を除き、交換が可能です。左の手順で交換手続きが終了すると、返品を待たずに新しい商品が発送されます。必ず期限内に商品を返品しましょう。なお、Amazonマーケットプレイスが販売し、Amazonが発送する商品については交換できないので、一度返品する必要があります。Amazonマーケットプレイスが販売・発送する商品は、直接販売元に相談が必要です。

メモ　交換にはクレジットカードの登録が必要

交換時は、クレジットカードを必ず登録する必要があります。これは、Amazonが返送前に新しい商品を発送するという仕組みのためです。万が一商品を返さない購入者がいる場合、クレジットカードから返品しなかった分の金額を差し引くという仕組みです。

ステップアップ　返品・交換をキャンセルする

返品・交換をキャンセルする場合、キャンセルする商品の＜返品情報を確認＞をクリックして、＜返品のキャンセル＞をクリックします。なお、交換で新たに発送された商品も発送をキャンセルしましょう。

第 **4** 章　ネットショッピングを活用しよう

Section 45 さまざまな通販サイトを活用する

覚えておきたいキーワード
- ☑ 楽天市場
- ☑ Yahoo! ショッピング
- ☑ ヨドバシ.com

Amazon以外にも、通販サイトはまだまだあります。インターネット上のショッピングモールである楽天市場、Tポイントが貯まるYahoo! ショッピング、家電量販店に強いヨドバシ.comなど、得意な分野や特長は異なります。購入するサイトを使い分けて、インターネット上でも買い物を楽しみましょう。

1 買い物を楽しむ

キーワード 楽天市場

「楽天市場」は、インターネット総合サービス会社「楽天」が運営するインターネットモールです。同じような商品を扱うショップも複数出店しており、価格やサービスなどを比較してショッピングをすることができます。

●楽天市場
https://www.rakuten.co.jp/

楽天市場

国内最大級のインターネットモールです。

キーワード Yahoo!ショッピング

「Yahoo!ショッピング」は、検索エンジン大手Yahoo! JAPANが運営するショッピングモールです。「Tポイントを貯めることができる」「プレミアム会員になると出店できる」といった特長があります。

●Yahoo!ショッピング
https://shopping.yahoo.co.jp/

Yahoo! ショッピング

ポータルサイトYahoo! JAPANのショッピングモールです。

キーワード ヨドバシ.com

「ヨドバシ.com」は、家電量販大手のヨドバシカメラが運営するネットショップです。購入価格のポイント還元や配送料無料といったサービスなどで支持を集めています。

●ヨドバシ.com
https://www.yodobashi.com/

ヨドバシ.com

家電量販店ヨドバシカメラの公式ネットショップです。

第4章 ネットショッピングを活用しよう

128

Chapter 05

第5章

メールをやり取りしよう

メールで交流する

「メール（電子メール）」は、ユーザーごとに付けられたメールアドレス（住所）に、インターネットを通じて送受信する手紙のことです。メールは一人だけでなく、複数の人へ同時に送ることも可能です。Windows 10には、メールをやりとりするための「メール」アプリが付属しています。

1 メールを送受信するしくみ

キーワード メール

メールとは、インターネットを通じてやりとりする手紙のことで、「電子メール」や「Eメール」とも呼ばれます。メッセージだけでなく、文書や画像ファイルも一緒に送れます。

メモ メールの送受信

メールの流れを郵便の手紙にたとえると、まず手紙（メッセージ）を書き、相手の住所（メールアドレス）を指定して送信します。手紙を投函すると郵便局（送信メールサーバー）にまとめられ、そこから宛先の近隣にある郵便局（プロバイダーなどの受信メールサーバー）に送られ、相手の住所（メールアドレス）に配達されます。

キーワード プロバイダーメールと Webメール

メールの種類は、大きく「プロバイダーメール」と「Webメール」に分けられます。
「プロバイダーメール」は、プロバイダーと契約して利用するメールのことです。「Webメール」は、Webサービス事業者に会員登録してWebブラウザーから利用できるメールのことです。

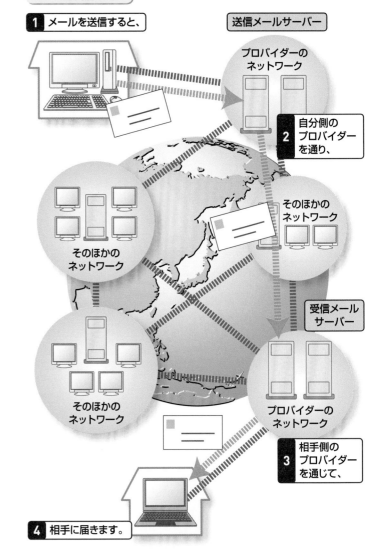

メール送受信の流れ

1 メールを送信すると、　　送信メールサーバー

プロバイダーの
ネットワーク

2 自分側の
プロバイダー
を通り、

そのほかの
ネットワーク

そのほかの
ネットワーク

受信メール
サーバー

そのほかの
ネットワーク

プロバイダーの
ネットワーク

3 相手側の
プロバイダー
を通じて、

4 相手に届きます。

2 メールのメリット・デメリット

メモ メールの メリット・デメリット

メールは、やりとりできる環境があれば、いつでもどこからでも送信でき、内容を読める便利なコミュニケーションツールです。ただし、電話のように相手が出れば、すぐ相手と連絡がとれるとは限りません。また書いた文章が意図する内容と違って受け取られる恐れもあります。

あくまでも連絡手段の1つと考え、メリット・デメリットを理解して、メールを利用しましょう。

3 メールの便利な利用方法

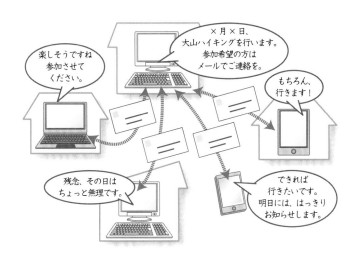

メモ 多人数との コミュニケーション

メールでは、一人だけでなく、複数の宛先を「Cc」や「Bcc」に指定できます（P.145参照）。同じメールを複数の人に同時に送信でき、さらにそれぞれからの返事が届くというように、複数人でのすばやいコミュニケーションが可能です。

インターネットのサービスでは、メールアドレスがユーザー名やパスワードとして使われることがあります。

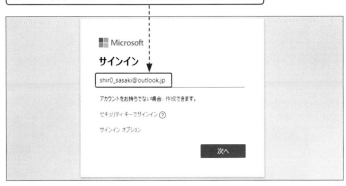

メモ ユーザー名やパスワードとして利用される

メールは、ほかのユーザーとのやりとりだけでなく、インターネットのサービスを利用する際のユーザー名などに利用されることもあります。インターネットの利用にはますます欠かせなくなりました。

131

47 「メール」アプリを 起動・設定する

「メール」アプリは、メールの作成や送受信などを行うためのアプリで、Windows 10に最初から用意されています。Microsoftアカウントでパソコンにサインインしている場合、「メール」アプリを起動すると自動的にメールアドレスが設定され、すぐに使うことができます。

1 Microsoftアカウントでサインインしている場合

メモ 「メール」アプリを 設定する

「メール」アプリの設定は、パソコンにサインインしているアカウントがMicrosoftアカウントかローカルアカウントかによって手順が異なります。

● Microsoftアカウントでサインインしている
はじめて「メール」アプリを起動するときに、Microsoftアカウントのメールアドレスが「メール」アプリに自動で設定されます。一部のMicrosoftアカウントは設定が必要なこともあります（P.133のヒント参照）。

● ローカルアカウントでサインインしている
はじめて「メール」アプリを起動するときに、「メール」アプリを手動で設定します（P.134参照）。

キーワード Microsoft アカウント とローカルアカウント

「Microsoftアカウント」とは、ストアアプリのダウンロードやOneDriveの利用など、マイクロソフト社がインターネットを介して提供するサービスやアプリを利用できるアカウント（メールアドレス）のことです。

マイクロソフト社が発行するメールアドレスのほか、GmailやYahoo!メール、プロバイダーメールなど、利用しているメールアドレスを自由にMicrosoftアカウントとして登録できます。

「ローカルアカウント」は、パソコンにサインインするためだけに使われるユーザー名とパスワードのことです。

1 <スタート>ボタンをクリックして、

2 <メール>をクリックします。

Microsoftアカウントが自動的に設定されています。

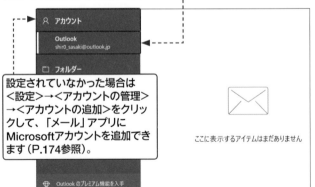

設定されていなかった場合は<設定>→<アカウントの管理>→<アカウントの追加>をクリックして、「メール」アプリにMicrosoftアカウントを追加できます（P.174参照）。

ここに表示するアイテムはまだありません

 ウィンドウの右端を左右にドラッグします。

 「メール」アプリの画面構成が変わります（P.137メモ参照）。

 <閉じる>をクリックすると、

 「メール」アプリが終了します。

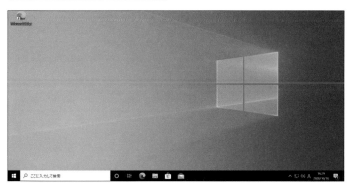

ヒント Gmailやプロバイダーメールが利用できない?

GmailやプロバイダーメールのメールアドレスをMicrosoftアカウントとしてパソコンにサインインしている場合、メールの送受信などができないことがあります。この場合はメールアカウントの同期設定を確認しましょう。Sec.66の手順を参照して「Outlookの同期設定」を表示したあと、「同期オプション」にある<メール>をクリックしてオンにします。それでも動作しないときはSec.64を参考にメールアカウントを削除したり追加したりします。

オンにします。

メモ プロバイダーのアカウントを使う

プロバイダーメールのメールアドレスは、Microsoftアカウントとして使用できます。そのため「メール」アプリにプロバイダーメールのメールアドレスが初回起動時から登録されていることがあります。

メモ メールアドレスを追加する

「メール」アプリは、複数のメールアドレスを登録して使い分けられます。メールアドレスを追加する方法は、Sec.64を参照してください。

2 ローカルアカウントでサインインしている場合

企業やプロバイダーのメールは、POP方式を使ってメールの送受信を行うことが多いです。Windows 8.1／8の「メール」アプリはPOP方式に対応していなかったので、これらのメールを受信できませんでした。一方Windows 10の「メール」アプリはPOP方式に対応したため、会社のメールアドレスを登録しても問題なく顧客や同僚と連絡を取り合えます。

ここでは、プロバイダーメールのメールアドレスを設定します。

1 <スタート>ボタンをクリックし、<メール>をクリックします。

2 <アカウント>をクリックし、

3 <アカウントの追加>をクリックします。

キーワード **POP3**

「POP（ポップ）3」は、メールを受信する方式の1つです。企業やプロバイダーのメールで広く採用されています。「POP」とも呼ばれます。

4 メールアドレスの種類（ここでは<詳細設定>）をクリックして（左上段のメモ参照）、

キーワード **IMAP4**

「IMAP（アイマップ）4」は、メールを受信する方式の1つです。インターネットに接続できるパソコンやスマートフォンがあれば、どこからでも同じメールを閲覧でき、メールの状態が同期される点がPOPとの大きな違いです。Outlook.jpやGmail、Yahoo!メールなど、多くのWebメールが採用しています。「IMAP」とも呼ばれます。

メモ **そのほかのアカウントを設定する**

右の手順では、プロバイダーメールの設定を手動で行っています。プロバイダーによっては、手順**4**で<その他のアカウント>をクリックして手順を進めると、メールアドレスとパスワードを入力するだけで設定が完了します。

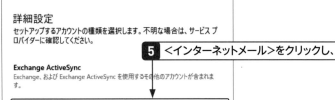

5 <インターネットメール>をクリックし、

6 メールアドレスやユーザー名などを入力し、

インターネット メール アカウント

メール アドレス

████████@libroworks.co.jp

ユーザー名

████

例: kevinc、kevinc@contoso.com、domain¥kevinc

パスワード

●●●●●●●●

アカウント名

████

この名前を使用してメッセージを送信

✓ サインイン　✕ キャンセル

7 サーバー情報を入力し、

インターネット メール アカウント

この名前を使用してメッセージを送信

██ ███

受信メール サーバー

pop.████████ ██

アカウントの種類

POP3

メールの送信 (SMTP) サーバー

mail.████████ █ █

✓ 送信サーバーには、認証が必要です

✓ サインイン　✕ キャンセル

8 <サインイン>をクリックします。

アカウントの追加　　　　　　　　　　✕

すべて完了しました。

アカウントは正常にセットアップされました。

████████@libroworks.co.jp

アプリを入手

9 <完了>をクリックすると、メールアドレスの設定が完了し、「メール」アプリが起動します。

✓ 完了

 メモ メールアドレスの情報を入力する

ローカルアカウントでパソコンにサインインしている場合など、「メール」アプリを使うにはメールアドレスを手動で設定する必要があります。アカウント名や受信メールサーバーなどの情報は、企業のネットワーク管理者に確認するか、プロバイダーの資料を参照してください。

ヒント タスクバーから起動する

「メール」アプリをタスクバーに登録すると、タスクバーのアイコンをクリックして起動できます。スタートメニューを表示する手間を省くことができるので、「メール」アプリを頻繁に利用する場合は便利です。

「メール」アプリをタスクバーに登録するには、スタートメニューで<メール>を右クリックし、<その他>→<タスクバーにピン留めする>をクリックします。

1 タイルを右クリックして、

2 <その他>→<タスクバーにピン留めする>をクリックすると、

3 タスクバーにタイルが登録されます。

「メール」アプリの画面構成

「メール」アプリの画面は、シンプルな構成です。受信トレイでは、画面左側にフォルダーの一覧、中央にメールの一覧、右側にメールのプレビューが表示され、はじめて使うユーザーにもわかりやすく作られています。なおウィンドウのサイズやメールサービスによっては表示内容が変化します。

1 「メール」アプリの画面構成

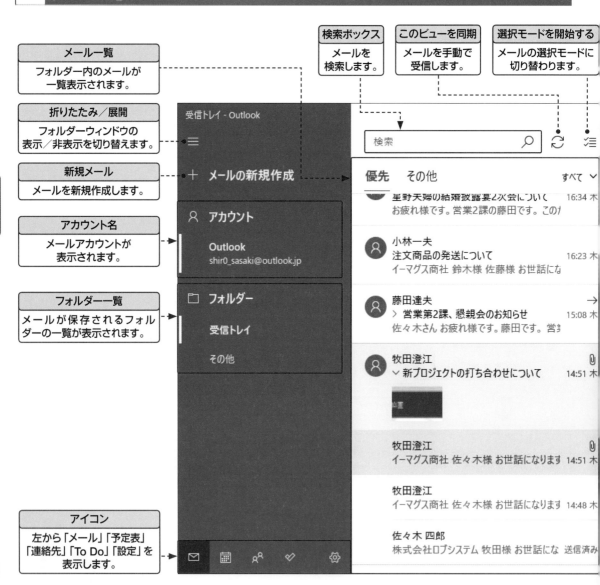

メール一覧
フォルダー内のメールが一覧表示されます。

折りたたみ／展開
フォルダーウィンドウの表示／非表示を切り替えます。

新規メール
メールを新規作成します。

アカウント名
メールアカウントが表示されます。

フォルダー一覧
メールが保存されるフォルダーの一覧が表示されます。

アイコン
左から「メール」「予定表」「連絡先」「To Do」「設定」を表示します。

検索ボックス
メールを検索します。

このビューを同期
メールを手動で受信します。

選択モードを開始する
メールの選択モードに切り替わります。

受信トレイ - Outlook

メールの新規作成

アカウント

Outlook
shir0_sasaki@outlook.jp

フォルダー

受信トレイ

その他

検索

優先　その他　　　　すべて ∨

星野夫婦の結婚披露宴2次会について　16:34 木
お疲れ様です。営業2課の藤田です。この

小林一夫
注文商品の発送について　16:23 木
イーマグス商社 鈴木様 佐藤様 お世話にな

藤田達夫
> 営業第2課、懇親会のお知らせ　15:08 木
佐々木さん お疲れ様です。藤田です。営3

牧田澄江
∨ 新プロジェクトの打ち合わせについて　14:51 木

牧田澄江
イーマグス商社 佐々木様 お世話になります　14:51 木

牧田澄江
イーマグス商社 佐々木様 お世話になります　14:48 木

佐々木 四郎
株式会社ロブシステム 牧田様 お世話にな 送信済み

メモ ウィンドウのサイズによって構成が異なる

「メール」アプリの画面は、「フォルダーウィンドウ」「メール一覧」「閲覧ウィンドウ」という3つの画面から構成されていますが、ウィンドウのサイズを狭くすると、表示される画面が自動的に調整されます。

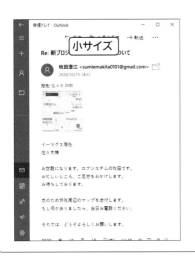

小サイズ

中サイズ

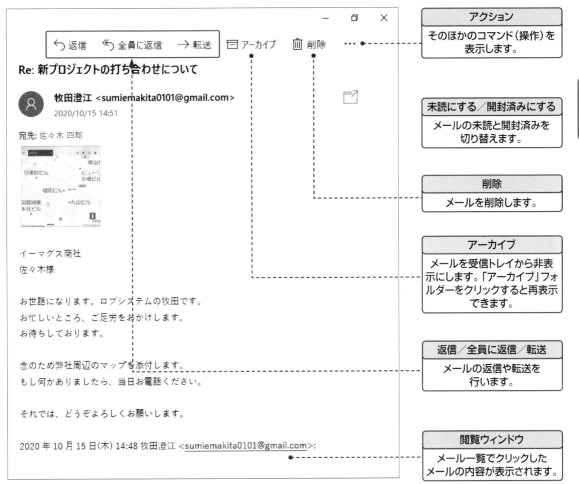

Re: 新プロジェクトの打ち合わせについて

牧田澄江 <sumiemakita0101@gmail.com>
2020/10/15 14:51

宛先: 佐々木 四郎

イーマグス商社
佐々木様

お世話になります。ロブシステムの牧田です。
お忙しいところ、ご足労をおかけします。
お待ちしております。

念のため弊社周辺のマップを添付します。
もし何かありましたら、当日お電話ください。

それでは、どうぞよろしくお願いします。

2020 年 10 月 15 日(木) 14:48 牧田澄江 <sumiemakita0101@gmail.com>:

アクション
そのほかのコマンド（操作）を
表示します。

未読にする／開封済みにする
メールの未読と開封済みを
切り替えます。

削除
メールを削除します。

アーカイブ
メールを受信トレイから非表示にします。「アーカイブ」フォルダーをクリックすると再表示できます。

返信／全員に返信／転送
メールの返信や転送を
行います。

閲覧ウィンドウ
メール一覧でクリックした
メールの内容が表示されます。

メールを作成・送信する

覚えておきたいキーワード
☑ メールの作成
☑ メールの送信
☑ 送信済みアイテム

メールを作成するときは、まず＜メールの新規作成＞をクリックします。メールの作成画面が表示されたら、「宛先」欄に送信先のメールアドレスを入力し、件名とメールの本文を入力して＜送信＞をクリックします。正しく送信されると、メールの内容が「送信済みアイテム」フォルダーに保存されます。

1 新規メールを作成する

ヒント オートコンプリート機能を利用する

「宛先」欄にメールアドレスの最初の数文字を入力すると、以前にやりとりしたメールアドレスや連絡先情報（Sec.63参照）をもとに宛先の候補が表示されます。候補の中に目的の送信先が表示される場合は、クリックすると宛先に入力されます。この機能を「オートコンプリート」といいます。

1 「宛先」欄に最初の数文字を入力すると、

2 メールアドレスの候補が表示されます。

ヒント メッセージが表示された？

メールを作成するとき、「○○のテキストは検証されていません。」と表示された場合、＜閉じる＞をクリックします。

メモ 「Windows 10 版のメールから送信」とは？

メールを新しく作成すると、本文に「Windows 10版のメールから送信」という署名が挿入されます。署名を編集する方法については、Sec.57を参照してください。

1 ＜メールの新規作成＞をクリックすると、

2 メールの作成画面が表示されます。

署名が挿入されます（左のメモ参照）。

第5章 メールをやり取りしよう

3 「宛先」欄に相手のメールアドレスを入力して、

4 「件名」欄に件名を入力し、

右のヒント参照。

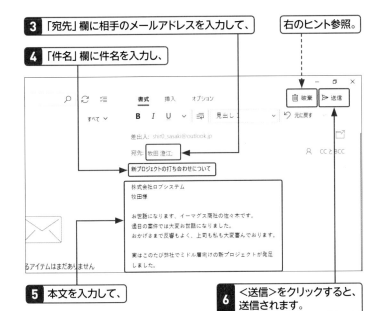

5 本文を入力して、

6 <送信>をクリックすると、送信されます。

ヒント　メールの作成を取り消すには?

作成したメールを送信せずに削除する場合は、<破棄>をクリックします。このとき、削除するかどうかを確認する画面は表示されないので、注意が必要です。

メモ　メールの下書きを保存する

作成中のメールは、送信するまで下書きとして保存されています。作成途中で受信メールを確認したり、「メール」アプリを終了したりしてメールの作成画面を閉じたあとでも、「下書き」フォルダーで件名をクリックすれば入力を再開できます。

2 送信したメールを確認する

1 <送信済みアイテム>をクリックすると、

2 メールが正しく送信されている場合、送信したメールが保存されています。

メモ　送信されたことを確認する

メールが正しく送信されると、送信したメールが「送信済みアイテム」フォルダーに保存されます。

ヒント　メールを送信できない?

メールを送信できない場合は、差出人が「postmaster@〜」というようなメールが届きます。メールアドレスが正しいかどうかなどを確認しましょう(Sec.58参照)。

メモ　ウィンドウのサイズでメールの作成画面のサイズも変わる

ウィンドウのサイズを変更すると、メールの作成画面のサイズにも反映されます。なお、ウィンドウを最小にしている場合は、画面左上の←をクリックすると、前の画面に戻ります。

ウィンドウのサイズによって、メールの作成画面のサイズや構成も異なります。

ここをクリックすると、前の画面に戻ります。

Section 50 受信したメールを確認する

メールを受信すると、スタートメニューの<メール>タイルに件名と件数が通知されます。<メール>タイルをクリックして「メール」アプリを起動すると、受信したメールの件名が一覧で表示されます。メールの件名をクリックすると、閲覧ウィンドウに本文の内容が表示されます。

1 新着メールを表示する

メモ スタートメニューで新着メールを確認する

「メール」アプリでは、アプリが起動していないときでも、新着メールの確認が行われています。新しいメールを受信すると、スタートメニューの<メール>タイルに、受信したメールの件名と件数が表示されます。

メモ 新着メールを通知しない

スタートメニューに表示されるメールの件名と件数を非表示にするには、<メール>のタイルを右クリックして、<その他>→<ライブタイルをオフにする>をクリックします。

ヒント 未読メールと既読メールを区別する

メールの一覧を表示すると、未読メールは件名が青く表示され、横のバーが強調されるので、既読メールと区別できます。

> 未読メールは件名と横のバーが強調表示されます。

1 <スタート>ボタンをクリックします。

> 新着メールを受信していると、メールの件名と件数が通知されます。

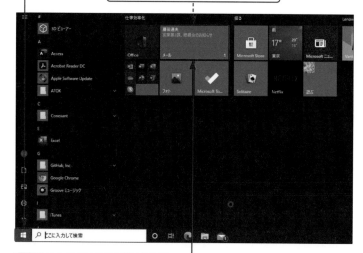

2 <メール>をクリックすると、

3 「メール」アプリが起動します。

4 <受信トレイ>をクリックして、

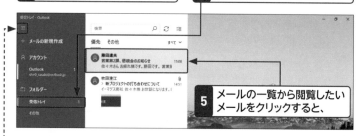

> **5** メールの一覧から閲覧したいメールをクリックすると、

> フォルダーウィンドウが折りたたまれている場合は<展開>☰をクリックします。

6 メールの内容が表示されます。

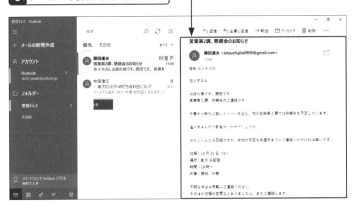

**メモ　トーストでの受信通知
設定を変更する**

初期状態ではメールを受信するとデスクトップの右下に通知が表示されます。しばらく作業に集中したいようなときは、＜設定＞→＜通知＞をクリックし、「通知のバナーを表示」をクリックしてオフに切り替えましょう。

---

2 スレッド内のメールを表示する

スレッドとしてまとめられているメールは、
件名に☑マークが表示されます。

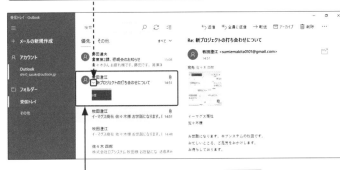

1 ☑マークが表示されているメールをクリックすると、

↓

2 スレッド内のメールが表示されます。

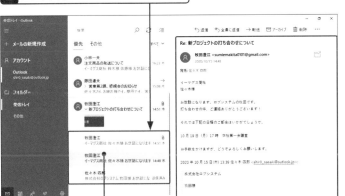

3 閲覧したいメールを
クリックすると、

4 メールの内容が
表示されます。

キーワード　スレッド

メールの返信や転送を繰り返していると、一連のやりとりは1つにまとめられて「受信トレイ」に表示されます。このまとまりを「スレッド」といいます。

**メモ　メールの受信頻度を
設定する**

メールの受信は自動的に行われますが、メールを受信する頻度（間隔）を設定することもできます（P.181の中段メモ参照）。

**メモ　メールの受信を
手動で確認する**

メールの受信を手動で確認するには、＜このビューを同期＞をクリックします。

クリックすると更新します。

メールを返信・転送する

メールを返信するには、返事を送りたいメールを選択して＜返信＞をクリックし、メールの内容を入力します。このとき、件名には「RE：」が付き、メール本文には相手のメール内容が引用されるので、やりとりの経緯がわかります。また、受信したメールを指定した相手に転送することもできます。

1 メールを返信する

メモ 件名に「RE:」が付く

返信メールの作成画面では、件名が引用され、先頭に「RE:」の文字が自動的に付きます。「RE:」は、返信メールであることを示すもので、語源ははっきりしません。「〜について」を意味するラテン語の「Re」が使われている、返事を意味する「Reply（リプライ）」の略、などの説があります。

1 Sec.50を参考に返信したいメールを表示して、

2 ＜返信＞をクリックすると、

3 返信メールの作成画面が表示されます。

メモ 件名を編集する

返信や転送では、件名に「RE:」または「FW:」が追加されます。しかし、返信や転送を繰り返しているうちに、件名と内容にずれが生じてしまうことも少なくありません。このようなときは、件名の欄をクリックして適宜修正しましょう。

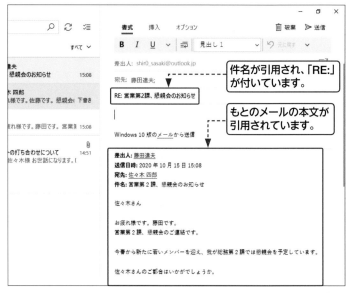

件名が引用され、「RE:」が付いています。

もとのメールの本文が引用されています。

ヒント 全員に返信するには？

相手からのメールに複数の送信先が指定されている場合、＜全員に返信＞をクリックすると、送信先のすべての人にメールをまとめて返信できます。

第5章 メールをやり取りしよう

4 本文を入力し、

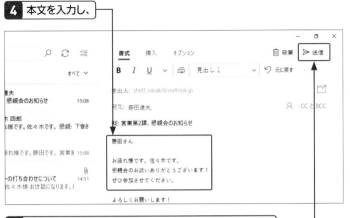

5 ＜送信＞をクリックすると、返信メールが送信されます。

受信トレイでメールの一覧を表示すると、返信したメールには左向きの矢印🔙マークが付きます。このマークで、返信済みのメールか確認できます。

2 メールを転送する

1 メールを表示して、　**2** ＜転送＞をクリックすると、

3 転送メールの作成画面が表示されます。

4 宛先を入力して、

メモ メールを転送する
場面は？

「打ち合わせの連絡についてのメールを上司に確認してもらう」「母親からのメールでの連絡を兄弟にも伝える」など、メールの内容をほかの人にも見てもらいたい場合は、メールを転送します。

件名が引用され、「FW:」が付いています。

5 本文を入力し、

もとのメールの本文が引用されています。

メモ 件名に「FW:」が付く

転送メールの作成画面では、件名が引用され、先頭に「FW:」の文字が自動的に付きます。「FW:」は、転送メールであることを示すもので、「ForWard（転送する）」の略です。

ヒント 転送のマークが
表示される

メールの一覧を表示すると、転送したメールには右向きの矢印➡マークが付きます。このマークでも、転送済みのメールを確認できます。

6 ＜送信＞をクリックすると、転送メールが送信されます。

複数人にメールを送る

同じ内容のメールを複数の人に送信したい場合、同じメールを繰り返し作成していては手間がかかります。複数の人に同じメールを送る場合は、「宛先」欄に送り先全員のメールアドレスを入力しましょう。このほか「宛先」以外の人は「CC」や「BCC」に入力すれば、誰宛てのメールかわかりやすくできます。

1 複数の人にメールをまとめて送信する

メモ ほかの受信者のメールアドレスも表示される

複数の人を「宛先」に入力してメールを送信すると、受信者のメールには、自分以外の受信者の情報も表示されます。

複数の人にメールを送るとき、ほかの受信者のメールアドレスを公開したくない場合は、BCCを利用しましょう（P.145参照）。

> 複数の人に宛てられたメールを受信すると、ほかの受信者のメールアドレスも表示されます。

1 メールの作成画面を表示して（Sec.49参照）、

2 「宛先」欄にメールアドレスを入力し、

3 Enterキーを押します。

4 続けて次のメールアドレスを入力して、

5 Enterキーを押します。

6 件名や本文などを入力し、

メールアドレスが2つ設定されます。

7 ＜送信＞をクリックすると、複数の人にメールが送信されます。

2 CCやBCCを使ってメールを送信する

1 メールの作成画面を表示して（Sec.49参照）、

2 ＜CCとBCC＞をクリックすると、

3 「CC」欄と「BCC」欄が表示されます。

4 「CC」欄に入力したメールアドレスは、受信者全員に表示されます。

5 「BCC」欄に入力したメールアドレスは、BCCの受信者以外には表示されません。

キーワード CC

「CC」はCarbon Copyの略で、本来の送信相手以外の人に、メールの「控え」を送信したいときに利用します。「CC」欄に入力したメールアドレスは、すべての受信者の受信メールに表示されるので、メールが誰宛てに送られたかがほかの受信者にわかります。

たとえば「担当者同士でメールをやりとりしているが、上司にも控えを送信しておく」といった場合に使います。

自分のメールアドレスがCC欄に入力されたメールを受信した例

キーワード BCC

「BCC」はBlind Carbon Copyの略です。CCと似ていますが、BCCに指定したメールアドレスは、ほかの受信者には表示されません。BCCは、誰に対してメールを送信したのかを知られたくない場合に使用します。

たとえば「会員向けのメールを会員全員に送信するが、それぞれのメールアドレスは公開したくない」といった場合に使います。

受信メールの添付ファイルを確認・保存する

受信トレイには、たまにクリップのアイコンが付いているメールが表示されます。これは、ファイルが添付されていることを意味します。ファイルが添付されているメールを表示すると、本文内にファイルのアイコンが表示されるので、アイコンをクリックするとファイルが表示されます。

1 添付ファイルを開く

メモ 添付ファイル

ファイルが添付されたメールには、件名の右側に📎マークが表示されるので、通常のメールと区別できます。

ファイルが添付されています（左のメモ参照）。

1 メールをクリックすると、

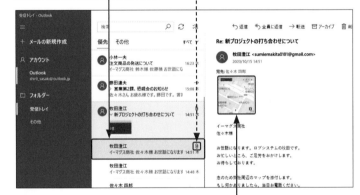

メモ 添付ファイルを開く

右の手順では、画像のファイルがメールに添付されているので、ファイルのアイコンをクリックすると「フォト」アプリが起動します。音楽のファイルやテキストファイル、Excelのファイルなどの場合は、それぞれ対応するアプリが起動します。

2 メールの内容が表示されます。

3 ファイルのアイコンをクリックすると、

4 対応するアプリが起動してファイルが開きます。

注意 添付ファイルに注意する

メールの添付ファイルには、マルウェアなどの不正なプログラムが含まれていることがあります。多くの場合、Windows Defenderやセキュリティ対策ソフトにより削除されますが、Wordの文書ファイルや画像ファイルなどに偽造されている場合もあります。信頼できるもの以外は開かずにメールごと削除しましょう。

2 添付ファイルを保存する

1 ファイルのアイコンを右クリックして、

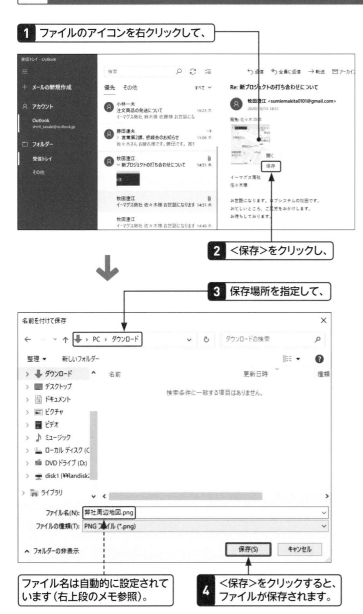

2 <保存>をクリックし、

3 保存場所を指定して、

ファイル名は自動的に設定されて
います（右上段のメモ参照）。

4 <保存>をクリックすると、
ファイルが保存されます。

5 ファイルの保存場所を開くと、

6 ファイルを確認できます。

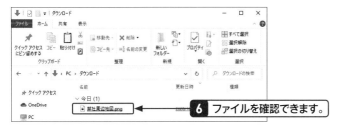

📝 **メモ** ファイル名を変更する

添付ファイルを保存する際、ファイル名は自動的に設定されます。必要に応じ左の手順**3**の画面で変更できます。

📝 **メモ** 「オプション」タブを使う

メールの作成画面の「オプション」タブには、次の機能が用意されています。重要度が設定されたメールを受信すると、受信トレイのメールに重要度を示すアイコンが表示されるので、受信者の目を引くことができます。

- 重要度 - 高
- 重要度 - 低
- テキストをマークする言語
- スペルチェック
- ズーム
- 検索

📝 **メモ** 本文に挿入されている画像を保存する

「メール」アプリでは、Webページのように見た目が加工されたHTMLメールも受信できます。本文の途中に挿入されている画像を保存するには、左の手順同様に画像を右クリック→<画像を保存>をクリックします。

ファイルを添付して
メールを送る

メールではメッセージだけでなく、書類やデジタルカメラで撮影した写真など、さまざまなファイルを添付して送信できます。メールにファイルを添付するには、メールの作成画面で＜挿入＞タブをクリックし、＜ファイルの添付＞をクリックして、指定した保存場所からファイルを選択します。

1 ファイルを添付する

メモ メールにファイルを添付する

メールには、文書や画像など、ほとんどのファイルを添付できますが、容量の限度を超えると送信できなくなります。必要に応じファイルを圧縮して添付するとよいでしょう（次ページのメモ参照）。

1 メールを作成して（Sec.49参照）、

2 ＜挿入＞をクリックし、

ヒント 表や画像を挿入する

メールでは、添付するのではなく表や画像を本文に挿入することもできます（Sec.56参照）。

3 ＜ファイル＞をクリックします。

ステップアップ ファイルの送受信ができない？

アプリの実行ファイルやプログラムなどを添付すると、セキュリティソフトが危険性のあるメールとして送受信時に削除してしまうことがあります。ファイルが添付されたメールを送受信できない場合は、セキュリティソフトの設定を確認しましょう。ファイルが添付されたメールが送れないなら、送信先のメールサービスの公式サイトなどで設定を確認しましょう。

4 添付するファイルの保存場所を表示して、

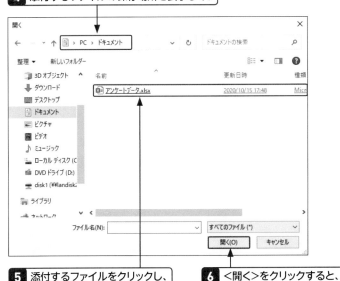

5 添付するファイルをクリックし、

6 <開く>をクリックすると、

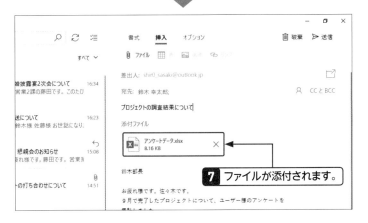

7 ファイルが添付されます。

ヒント ファイルの添付を中止する

ファイルの添付を中止するには、メールの送信前に、添付ファイルの右に表示される☒をクリックします。

なお、添付ファイルは削除されますが、パソコン内にある、元のファイルは削除されません。

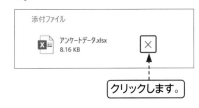

クリックします。

メモ 複数のファイルを添付する

手順**5**で複数のファイルを選択するか、手順を繰り返すと、複数のファイルを添付できます。

メモ ファイルを圧縮する

画像や動画などのファイルを添付する場合は、ファイルのサイズに注意が必要です。容量が大きすぎると、「送受信に時間がかかる」「送受信できない」といった問題が生じやすくなります。容量が大きい場合は、ファイルをあらかじめ圧縮しておくとよいでしょう。また、ファイルを圧縮すると、複数のファイルを1つにまとめられるので、たくさんの書類を送りたい場合にも便利です。

ファイルを圧縮するには、エクスプローラーで保存先のフォルダーを表示して、ファイルあるいはフォルダーを右クリックし、<送る>→<圧縮（zip形式）フォルダー>をクリックします。

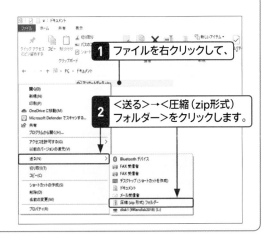

1 ファイルを右クリックして、

2 <送る>→<圧縮（zip形式）フォルダー>をクリックします。

メールの書式を変更する

「メール」アプリではメールの本文に太字や文字色などの多くの書式を設定できます。「目立たせたい部分に太字を設定する」「ほかの文章からの引用部分を斜体にする」といった使い方をすると、意図が伝わりやすく、読みやすいメールになります。メールの書式は、「書式」タブから設定できます。

1 文字に太字を設定する

メモ 書式を設定する

文字列に太字や斜体などの書式を設定するには、文字列をドラッグして選択し、次のボタンをクリックします。なお、ウィンドウの幅によって、表示されるボタンは変化しますので注意しましょう。

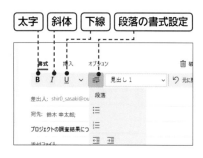

1 メールの本文を入力して、

2 文字列を選択します。

メモ スタイルを設定する

「スタイル」とは、複数の書式を組み合わせたものです。＜スタイル＞をクリックすると表示される一覧からスタイルを選択できます。

3 ＜書式＞をクリックして、

4 ＜太字＞をクリックすると、

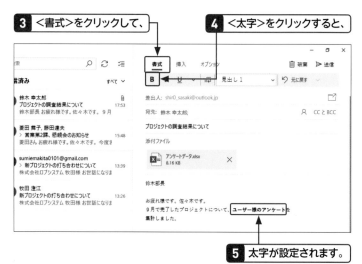

5 太字が設定されます。

2 文字の色を設定する

1 文字列を選択します。

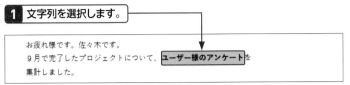

2 <書式>をクリックして、 **3** <フォントの書式設定>
をクリックし、

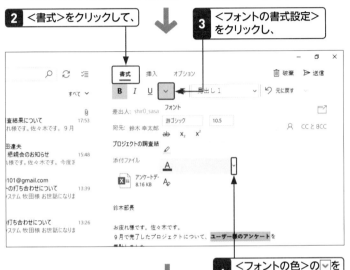

4 <フォントの色>の∨を
クリックして、

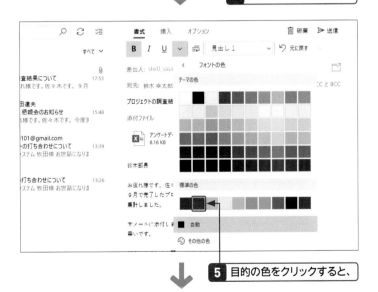

5 目的の色をクリックすると、

6 文字の色が設定されます。

メモ そのほかの書式を
設定する

左の手順では、文字の色を設定しています。
「メール」アプリでは、ほかにもフォントやサイ
ズ、背景色（蛍光ペン）などを設定できます。

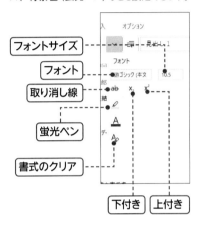

メモ 太字を解除する

太字を解除するには、太字が設定された文
字列をドラッグして選択し、<太字>をクリッ
クします。ほかの書式も同様です。

キーワード 元に戻す・
やり直す

操作を元に戻すには、<元に戻す>をクリッ
クします。また、操作を元に戻してから∨を
→<やり直し>をクリックすると、元に戻した
操作をやり直せます。

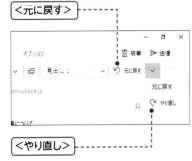

メールに画像や表を追加する

覚えておきたいキーワード
☑「挿入」タブ
☑ 画像の挿入
☑ 表の挿入

Windows 10の「メール」アプリでは、添付するのではなく、本文の途中に画像や表を挿入できます。画像や表を挿入すると、文章では説明が難しい情報も視覚的に伝えられるので便利です。画像や表は、いずれも「挿入」タブから挿入できます。

1 メールの本文中に画像を挿入する

🔍 キーワード **画像を挿入する**

Windows 10の「メール」アプリでは、本文の途中に画像を挿入できます。メールの本文の途中に画像を挿入するには、右の手順に従います。

なお、「メール」アプリではメールに添付されている画像のファイルは保存できますが、本文の途中に挿入されている画像の場合は保存できません。

1 画像を挿入する位置にカーソルを移動して、

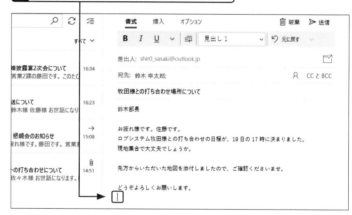

📝 メモ **画像をコピー／削除する**

画像を挿入し、右クリックして＜コピー＞をクリックするとコピー、＜削除＞をクリックすると削除できます。

2 ＜挿入＞をクリックし、

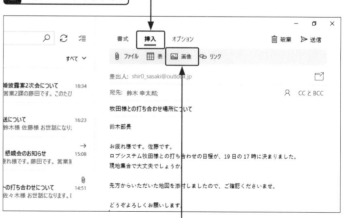

📝 メモ **リンクを挿入する**

文字列にリンクを設定するには、文字列を選択し、「挿入」タブの＜リンク＞をクリックします。リンクを設定する画面が表示されるので、「アドレス」にWebページのURLを入力し、＜挿入＞をクリックします。

3 ＜画像＞をクリックします。

4 「開く」画面が表示されるので、画像の保存場所を表示して、

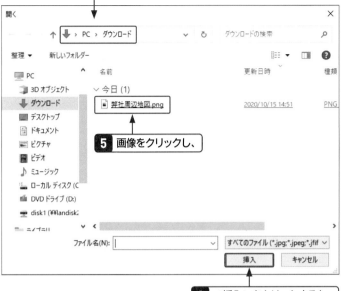

5 画像をクリックし、

6 <挿入>をクリックすると、

「画像」タブが追加されます。

7 画像が挿入されます。

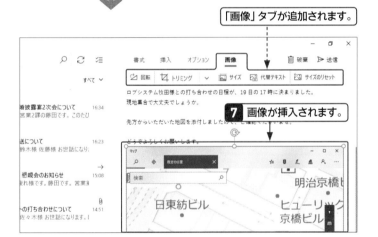

8 ハンドルをドラッグすると、サイズが変更されます。

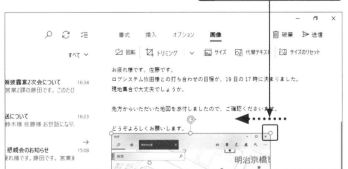

メモ　画像を拡大・縮小する

メールの本文に画像を挿入すると、画像の周囲にハンドルが表示されます。これをドラッグすると、画像を拡大・縮小できます。

メモ　「画像」タブ

メールに画像を挿入すると、「画像」タブが追加され、画像を編集するためのボタンが表示されます。主な機能は次の通りです。

回転	メニューから画像を回転できます。
トリミング	ハンドルをドラッグして画像をトリミングできます。
サイズ	サイズを数値で指定できます。

ステップアップ　代替テキストを設定する

メールの本文に画像を挿入できるのは、「メール」アプリのメールが、HTMLという形式で作成されているためです。ただし、企業などによっては、セキュリティ上、HTML形式のメールに挿入されている画像が表示されないように設定されていることがあります。

画像が表示されない場合に、画像の代わりに表示される文章を「代替テキスト」といいます。画像を挿入したメールを作成する場合、代替テキストを設定しておくと、画像が表示されなくてもある程度の情報を伝えられます。

代替テキストを設定するには、画像をクリックして選択し、「画像」タブにある<代替テキスト>をクリックして、「タイトル」と「説明」を入力します。

153

2 メールの本文中に表を挿入する

メモ 表のスタイルを変更する

手順3のあとで表を挿入したあと、＜表のスタイル＞をクリックするとセルの色や幅を変えられます。一覧から目的にあったものを選びましょう。

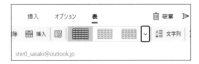

メモ 操作を元に戻す・やり直す

表の操作でも操作を元に戻すには、＜元に戻す＞をクリックします。また、操作を元に戻すと、＜元に戻す＞の右に⌄が表示されます。⌄をクリックし、＜やり直し＞をクリックすると、元に戻した操作をやり直すことができます。

＜元に戻す＞

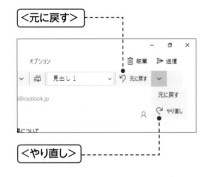

＜やり直し＞

ヒント 表を削除する

表を削除するには、表のマス目内にカーソルを移動して、「表」タブにある＜削除＞をクリックし、＜表の削除＞をクリックします。

1 表を挿入する位置にカーソルを移動して、

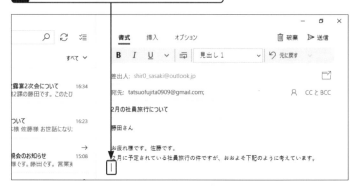

2 ＜挿入＞をクリックし、

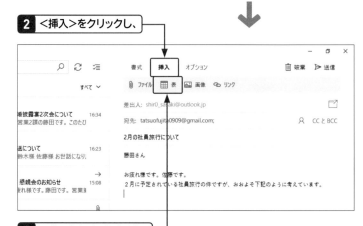

3 ＜表＞をクリックすると、

「表」タブが追加されます。

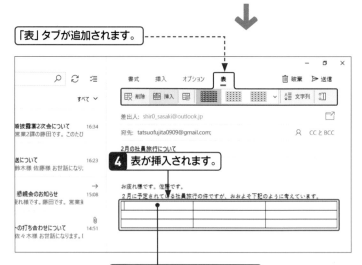

4 表が挿入されます。

5 表のマス目をクリックするとカーソルが表示されるので、

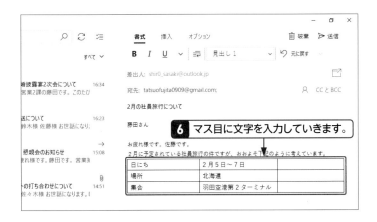

ステップアップ 行の高さや列の幅を変更する

表の行の高さや列の幅を変更するには、行や列の境界線にマウスポインターを合わせ、境界線をドラッグします。

3 表の列を削除する

1 削除したい列のマス目をクリックしてカーソルを移動し、

2 <表>をクリックして、

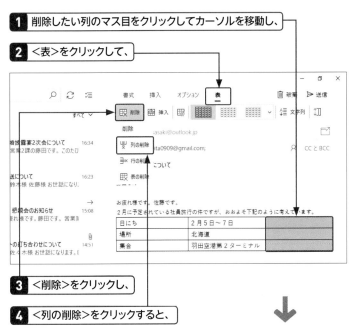

3 <削除>をクリックし、

4 <列の削除>をクリックすると、

メモ 表の行を削除する

表の行を削除するには、削除したい行のマス目をクリックしてカーソルを移動し、「表」タブにある<削除>をクリックして、<行の削除>をクリックします。

5 表の列が削除されます。

ヒント 表の行や列を挿入する

表の行や列を挿入するには、行や列を挿入したい位置のマス目をクリックしてカーソルを移動し、「表」タブにある<挿入>をクリックして、<上に行を挿入>や<左に列を挿入>などをクリックします。

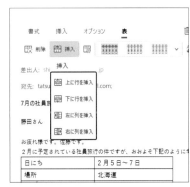

メールの署名を変更する

メールの文末に挿入される情報を「署名」といいます。初期設定では、「Windows 10版のメールから送信」という署名が挿入されますが、用途や環境に合わせて編集できます。仕事に利用するなら、送信者名や会社名、メールアドレスなどを新しい署名として設定するとよいでしょう。

覚えておきたいキーワード
- ☑ 設定の表示
- ☑ 署名の編集
- ☑ 署名の非表示

1 「設定」パネルを表示する

🔍 キーワード 署名

送信者の名前や連絡先などをまとめた、メールの文末に付ける情報を「署名」といいます。署名はメールの作成時に自動で挿入されます。

1 ＜設定＞をクリックすると、

🖌 メモ 「設定」パネル

「設定」パネルでは、アカウントや背景の画像、オプションなど、「メール」アプリに関するさまざまな設定を行います。

2 「設定」パネルが表示されます。

🖌 メモ アカウントごとに署名が挿入される

複数のアカウントを登録している場合、署名はアカウントごとに設定できます。たとえば、プライベート用とビジネス用に2つのアカウントを登録しているなら、それぞれで異なる署名を設定して使い分けられます。

3 ＜署名＞をクリックします。

2 署名を編集する

1 前ページの「設定」パネルで<署名>をクリックすると、「メールの署名」画面が表示されます。

2 初期状態の署名をドラッグ後Deleteキーを押して削除し、

3 新しい署名を入力し、

4 <保存>をクリックします。

5 <メールの新規作成>をクリックすると、

新しい署名が挿入されているのを確認できます。

ヒント 署名を見やすくするには?

署名の1行目に記号や罫線を入れると、本文と署名の間が区切られるので、見やすくなります。ただし、ビジネスメールの場合は、顔文字や派手な記号などを使うと、マナー違反ととられることもあるので注意しましょう。また、特殊な記号や機種依存文字（特定の環境だけで使用できる文字）を使用すると、メールを受け取った人が読めないこともあるので、こちらも注意が必要です。広く使われているのは「--␣」（ハイフン2つ、スペース）です。

メモ 署名を使わない

署名が自動的に挿入されないようにするには、左上段図の画面で<電子メールの署名を使用する>をクリックしてオフにします。再度クリックしてオンにすると、再びメールの末尾に挿入されます。

ヒント 署名を削除する

署名は自動的に挿入されますが、メールの内容によっては不要なことがあります。署名は、通常の文字列と同様に編集できるので、不要な場合は削除できます。

メールの送受信の
トラブルを解消する

メールを送信すると、「postmaster@〜」という差出人からメールが届くことがあります。これは、メールサーバーからのメールで、何らかの原因でメールが送信できなかったことを意味しています。宛先のメールアドレスが正しいかどうかを確認します。

1 メールが送信できない

**メモ postmasterから
メールが届く**

差出人が「postmaster@〜」というようなメールは、メールを送信できなかったということを知らせるものです。エラーの内容を確認して適宜対処しましょう。ほかにもメール送信に失敗したときは、それが自動的にメールで伝えられることが多くあります。

「postmaster@〜」という差出人からメールが届いています。

1 メールをクリックして、

ヒント メールが送信できない

メールが送信できない場合の代表的な原因は次の通りです。
・ インターネットに接続していない
・ メールアドレスを間違えている
・ 相手の「迷惑メール」フォルダーに入っている

2 内容を確認します。

このようなメールが届いたときは、宛先を間違えていないか確認しましょう。

ヒント メールが受信できない

メールが受信できない場合の代表的な原因は次の通りです。
・ インターネットに接続していない
・ 相手が送信してきた添付ファイルのファイルサイズが大きすぎる
・ 「迷惑メール」フォルダーに入っている
・ サーバーにトラブルが起きている

第5章 メールをやり取りしよう

Chapter 06

第6章

メールを便利に使おう

受信トレイにメールが増えてくると、目的のメールを探しづらくなります。このような場合は、メールを検索すれば、目的のメールをすぐに見つけられるでしょう。メールを検索するには、画面上部の検索ボックスにキーワードを入力します。このとき対象のフォルダーを絞り込むこともできます。

1 メールを検索する

ヒント　複数のキーワードを使う

検索ボックスには、複数のキーワードを入力して検索できます。複数のキーワードを入力する場合は、キーワードをスペースで区切ります。ただし、最初から複数のキーワードで検索すると目的のものが見つからないことがあります。まず1つのキーワードで検索し、検索結果がたくさんある場合にキーワードを追加して、絞り込むとよいでしょう。

1 検索するフォルダー（ここでは＜受信トレイ＞）をクリックして、

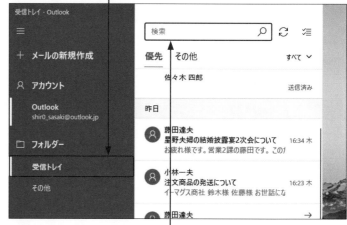

2 検索ボックスをクリックし、

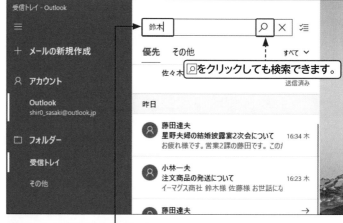

 をクリックしても検索できます。

メモ　フォルダーやアカウントを切り替える

初期状態の「メール」アプリでは利用できるアカウントはOutlookで、画面左側には「受信トレイ」と「その他」のみ追加されています。しかしあとからほかのメールアカウントや、フォルダーを追加し切り替えることも可能です。それぞれSec.65やSec.68を参考にして、より「メール」アプリを使いやすくしましょう。

3 キーワード（ここでは「鈴木」）を入力し、

4 Enter キーを押すと、

5 検索結果が表示されます。

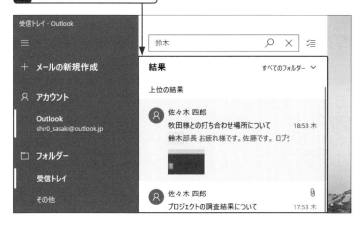

すべてのフォルダーが検索の対象になる

「受信トレイ」を表示した状態で検索すると、「受信トレイ」や「送信済みアイテム」フォルダーなど、すべてのフォルダーが検索の対象になります。右上の＜すべてのフォルダー＞をクリックし、＜受信トレイの検索＞に切り替えると受信フォルダーのみを検索できます（手順**1**参照）。ほかのフォルダーをクリックして表示したときはフォルダーごとに検索します。

2 検索するフォルダーを絞り込む

1 検索結果の画面で＜すべてのフォルダー＞をクリックして、

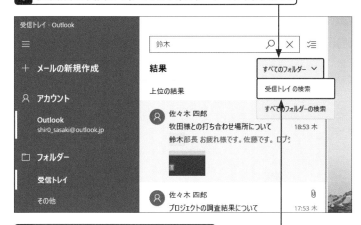

メモ **検索するフォルダーを切り替える**

メールを検索するフォルダーは、表示しているフォルダーかすべてのフォルダーのいずれかから選択できます。検索するフォルダーを切り替えるには、左の手順に従います。

2 ＜受信トレイの検索＞をクリックすると、

3 検索の対象が「受信トレイ」に絞り込まれます。

4 ＜閉じる＞をクリックすると、検索が終了します。

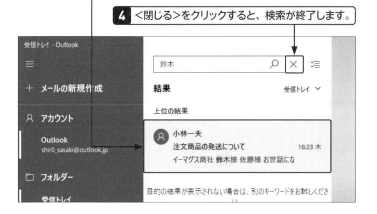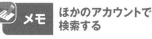

メモ **ほかのアカウントで検索する**

アカウントの種類によっては、＜オンラインで検索＞をクリックすると、インターネットに保存されているメールを検索できます。

メールを整理・削除する

覚えておきたいキーワード
☑ フラグ
☑ メールの削除
☑ メールの移動

メールを利用していると、「受信トレイ」や「送信済みアイテム」フォルダーに
やり取りしたメールがたまっていきます。重要なメールは見分けがつくよう、
目印（フラグ）を設定しましょう。また、不要なメールは削除するのがおすすめ
です。フォルダー内を整理して、「メール」アプリをより使いやすくしましょう。

1 フラグを設定する

🔍 キーワード フラグ

「フラグ」とは、目印となるマークのことで、も
ともとは「旗」を意味する英単語です。決まっ
た使い方はありません。重要な相手からだっ
たり、特定の内容に関連したりして、ほかの
メールと区別したいときに設定します。

📊 ステップ アップ 未読メールだけを 表示する

受信トレイで右上の＜すべて＞をクリックし、
＜未読＞をクリックすると、未読メールだけを
表示できます。

✍ メモ メールの一覧で フラグを設定する

メールの一覧でメールにマウスポインターを合
わせると、右端に 🏳 が表示されます。この
アイコンをクリックしても、フラグの設定や解
除が行えます。

1 Sec.50を参考にメールを表示して、

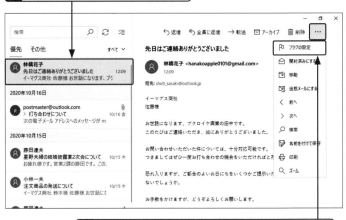

2 ＜アクション＞→＜フラグの設定＞をクリックすると、

3 フラグが設定され、

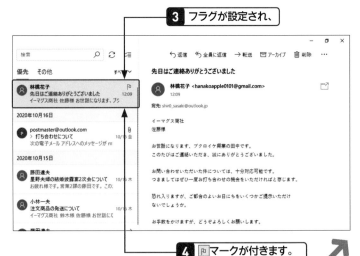

4 🏳 マークが付きます。

第6章 メールを便利に使おう

5 ほかのメールをクリックすると、

6 フラグが設定されているメールが薄い色で強調表示されていることがわかります。

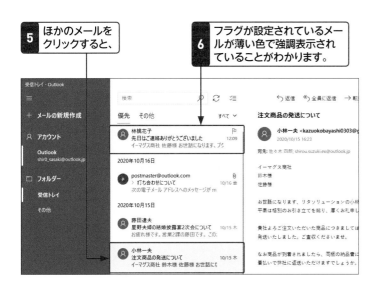

タッチ スワイプで操作する

タッチパネルのあるパソコンやタブレットの場合、メールを左右にスワイプすると、既読と未読の切り替えやフラグの設定、削除などを行えます。

2 フラグが設定されたメールだけを表示する

1 <すべて>をクリックし、

2 <フラグ付き>をクリックすると、

3 フラグが設定されているメールだけが表示されます。

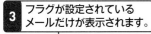

4 フラグが設定されているメールをクリックして、

5 <アクション>→<フラグのクリア>をクリックすると、フラグが解除されます。

メモ もとの表示に戻す

フラグが設定されているメールだけを表示している状態からもとに戻すには、手順**1**の画面で<フラグ付き>をクリックして<すべて>をクリックします。

ヒント 右クリックでフラグを設定する

受信トレイでメールを右クリックし、<フラグの設定>をクリックしてもフラグを設定できます。また、フラグが設定されているメールを右クリックし、<フラグのクリア>をクリックすると、フラグを解除できます。

ヒント フラグを解除する

フラグを解除するには、左の手順のほか、メールの一覧で▷をクリックします。

3 メールを削除する

メモ メールの削除

右の手順で削除したメールは、いったん「ごみ箱」フォルダーに移動します。「ごみ箱」フォルダーのメールは、フォルダーから削除しない限りそのまま残り続けているので、誤って削除した場合は「受信トレイ」フォルダーに戻せます（次ページ参照）。

メモ メールを右クリックする

メール一覧のメールを右クリックすると、移動（次ページ参照）や削除、フラグの設定などを行えます。ただし、アカウントの種類によって操作できるコマンドが異なります。

メモ メニューはアカウントによって異なる

メールの画面上部に表示されるメニューは、アカウントによって異なります。たとえばGmailでは、「返信」「転送」「削除」などのほかに「アーカイブ」というメニューがあります。右クリックによって表示されるメニューも異なります。

1 削除したいメールを表示して、

2 ＜削除＞をクリックすると、メールが削除されます。

3 ＜その他＞をクリックして、

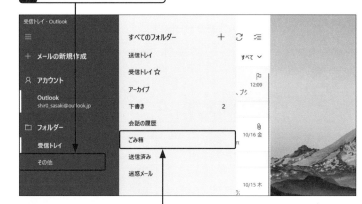

4 ＜ごみ箱＞をクリックすると、

5 「ごみ箱」フォルダーが表示されます。

6 削除したメールを確認できます。

4 メールを移動する

1 メールを右クリックして、

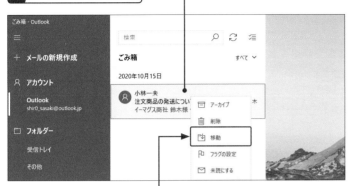

2 ＜移動＞をクリックし、

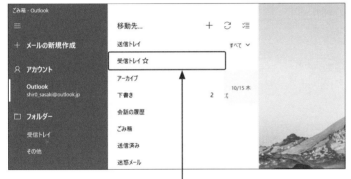

3 移動先（ここでは＜受信トレイ＞）を
クリックすると、メールが移動します。

メモ 「ごみ箱」の操作

誤って削除したメールは、左の手順で「ごみ箱」フォルダーから指定したフォルダーに移動できます。

また、「ごみ箱」フォルダー内のメールをクリックして詳細を表示し、右上の＜破棄＞をクリックすると、メールが完全に削除されます。元に戻すことはできないので、削除する場合は事前に内容をよく確認しましょう。

メモ ドラッグ操作で移動する

メールは、メール一覧からフォルダーへドラッグして移動することもできます。

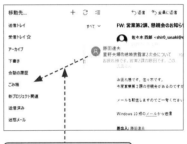

ドラッグして移動できます。

メモ 複数のメールをまとめて操作する

複数のメールをまとめて削除したり移動したりしたい場合は、まず＜選択モードを開始する＞をクリックします。選択モードに切り替わり、メールの左横にチェックボックスが表示されます。メールをクリックすると選択され、チェックボックスにチェックが付くので、削除や移動を行います。

1 ＜選択モードを開始する＞をクリックして、

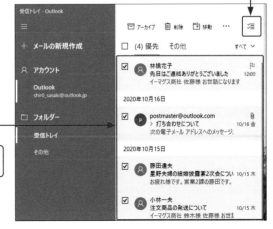

2 メールをクリックして選択します。

選択されているメールのチェックボックスにはチェックマークが付きます。

3 選択されているメールをまとめて
削除したり移動したりできます。

迷惑メールを削除する

「迷惑メール」は多くのメールサービスで受信時に自動で「迷惑メール」フォルダーに保存されます。ただし、迷惑メールではないメールが誤ってここに保存されることもあります。「迷惑メール」フォルダーを定期的に確認し、メールが保存されている場合は削除や移動などを行います。

1 「迷惑メール」フォルダーを表示する

キーワード 迷惑メール

「迷惑メール」は、宣伝や勧誘など、求めていないのにもかかわらず届くメールの総称です。Outlook.com や Gmail（Sec.64参照）などのメールサービスの多くは、受信したメールが迷惑メールかどうかを判断して、自動で仕分けしてくれる機能が用意されています。迷惑メールとして処理されたメールは、「迷惑メール」フォルダーで確認できます。

1 <その他>をクリックすると、

2 すべてのフォルダーが表示されます。

3 <迷惑メール>をクリックすると、

「迷惑メール」フォルダーに新着メールが1通あります。

メモ フォルダーの構成が異なる

「メール」アプリのフォルダーの構成は、利用しているメールアカウントによって異なります。たとえば「メール」アプリにGmailを設定している場合、<その他>をクリックすると、「すべてのメール」や「重要」といったフォルダーが追加されます。

4 「迷惑メール」フォルダーが表示されます。

ヒント　迷惑メールとして分類されるメールは？

迷惑メールは、プロバイダーやWebメールのシステムによって自動的に検出され、迷惑、あるいは危険と思われる内容を含んでいると判断されたメールです。また、件名や本文が未入力であったり、本文がURLのみだったりすると、迷惑メールに分類される可能性があります。

2 迷惑メールを削除する

1 迷惑メールと思われるメールをクリックして表示し、内容を確認します。

不審な場合は内容を確認せずに削除してもよいでしょう。

2 迷惑メールだった場合は<削除>をクリックすると、

3 メールが削除されて「ごみ箱」フォルダーへ移動します。

メモ　迷惑メールを「受信トレイ」に移動する

迷惑メールのフィルター機能は便利な反面、知り合いからのものでも条件に当てはまれば迷惑メールとして処理される場合があります。その場合、「迷惑メール」フォルダーから「受信トレイ」フォルダーにメールを移動するとよいでしょう（P.165参照）。

注意　本文中のURLに注意する

なりすましやフィッシング詐欺といった犯罪被害がニュースになることも増えています。覚えのない送信者からのメールに記載されているURLや、メールにURLしか記載されていないような場合は、クリックしないように注意が必要です。

メールをやりとりしていると、待ち合わせ場所や時間、重要な要件、会員登録情報など、忘れないように控えておきたいものが出てます。このような場合は、メールを印刷して保管しておくとよいでしょう。紙がかさばるのが嫌なら、PDFとして保存することもできます。

1 メールをプリンターで印刷する

 メモ メールを印刷する

メールの印刷の操作は、Webページの印刷とほぼ同様です。Sec.18も参照してください。

 メモ ＜アクション＞を利用する

＜アクション＞をクリックすると、移動や印刷、未読にするなどのコマンドを実行できます。

1 メールを表示して、

2 ＜アクション＞をクリックし（左中段のメモ参照）、

3 ＜印刷＞をクリックします。

4 印刷に使用するプリンターを選択して、

5 印刷部数を指定し、

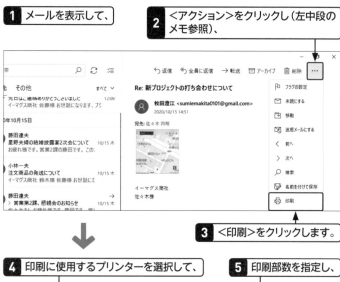

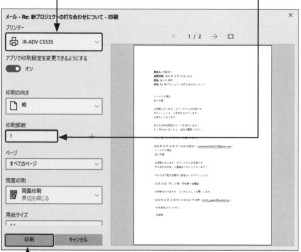

6 ＜印刷＞をクリックすると、メールが印刷されます。

 メモ 複数ページのイメージを確認する

メールの印刷が複数ページある場合は、右下図の上部に ← と → が表示されます。これらをクリックすると、ページの前後を確認できます。

2 メールをPDFとして保存する

1 メールを表示して、＜アクション＞→＜印刷＞をクリックします。

2 ＜プリンター＞で＜Microsoft Print to PDF＞を選択し、

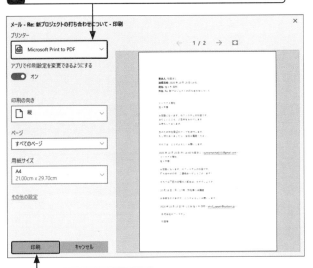

3 ＜印刷＞をクリックします。

4 PDFの保存場所を指定し、

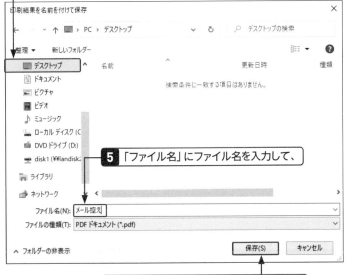

5 「ファイル名」にファイル名を入力して、

6 ＜保存＞をクリックすると、
WebページがPDFとして保存されます。

基本的な手順は、WebページをPDFとして保存する
方法と同様なので、P.63も参照してください。

**メモ　メールを
PDFとして保存する**

メールは、PDFとして保存できます。メール
をPDFとして保存するには、印刷プレビュー
の＜プリンター＞で＜Microsoft Print to
PDF＞を選択し、印刷を実行します。PDF
は、Edgeなどで閲覧できます（P.63の下段
のメモ参照）。

**ヒント　メールをXPSとして
保存しておく**

手 順 **2** で ＜Microsoft XPS Document
Writer＞を選択すると、XPS形式でメール
を保存できます。「XPS形式」は、マイクロ
ソフト社が開発・提供している電子文書
フォーマットです。XPS形式の文書は、
Windows 10に付属するXPSビューアーな
どで表示できます。

**メモ　表示するメールを
切り替える**

＜アクション＞→＜前へ＞または＜次へ＞を
クリックすると、表示されているメールよりも1
つ新しいメールまたは1つ古いメールを表示
できます。

**メモ　メールを拡大・
縮小表示する**

＜アクション＞→＜ズーム＞をクリックし、目
的の表示倍率をクリックします。表示倍率は、
＜50%＞＜75%＞＜100%＞＜150%＞
＜200%＞＜400%＞から選択できます。

連絡先を登録する

「People」アプリに連絡先を登録しておくと、連絡先からメールを作成できるので便利です。連絡先がたくさん登録されている場合は、検索機能を使って探し出すこともできます。「People」アプリは「メール」アプリと連動しているので、メールから連絡先を登録できます。

1 「People」アプリに連絡先を登録する

メモ メールアドレスを登録する

メールでやりとりする相手のメールアドレスは、「People」アプリに登録しておきましょう。「メール」アプリを使い慣れてくると、返信機能を使ったやりとりが多くなってきます。ただし、新規の案件でメールを送りたいときもあります。また、こちらから久しぶりにメールするときも連絡先を控えておくことは重要です。「People」アプリにメールアドレスを登録しておくと、相手をすぐに見つけてメールを作成できます。

スタートメニューで「メール」アプリを起動します。

1 受信トレイでメールをクリックし、

2 本文上部にある、人型のアイコンをクリックして、

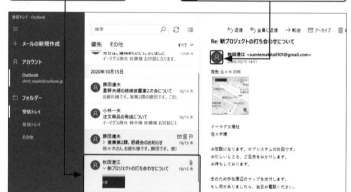

3 表示されたメニューでメールアドレスの部分にカーソルを合わせ、

4 📋 をクリックすると、メールアドレスがコピーされます。

ヒント メールアドレスをコピー／貼り付けする

連絡先にメールアドレスを登録する際、コピー／貼り付け機能を利用すると、メールアドレスを入力する手間を省くことができるので便利です。

5 表示されたメニュー以外の部分を
クリックしてメニューを閉じます。

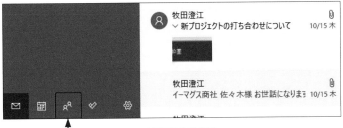

6 ＜連絡先に切り替える＞をクリックすると、

7 「People」アプリが起動します。

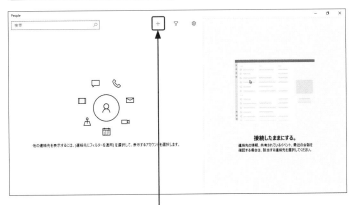

8 ＜新しい連絡先＞をクリックして、

9 姓名を入力し、

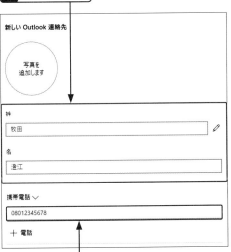

10 必要に応じて電話番号を入力したあと、

ステップ
アップ　保存先のアカウントを
　　　　選択する

複数のアカウントを設定している場合、手順
9の画面で「保存先」という項目が追加され
るので、連絡先の情報を保存するアカウント
を選択します。

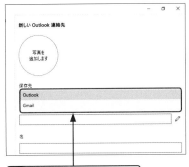

1 クリックして選択します。

メモ　登録を中止する

連絡先の登録を中止する場合は、編集画
面右下の＜キャンセル＞をクリックします。

＜キャンセル＞をクリックします。

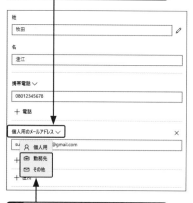

ステップアップ メールアドレスの種類を変更する

右の手順では、最初から個人用のメールアドレスが選択されています。個人用以外のメールアドレスを登録したい場合は、左上段図で＜個人用のメールアドレス＞と書かれている部分をクリックして、＜勤務先＞または＜その他＞をクリックします。

1 ＜個人用のメールアドレス＞をクリックして、

2 ＜勤務先＞または＜その他＞をクリックします。

メモ 様々な情報を登録できる

「People」アプリには氏名やメールアドレス以外に、電話番号や住所、会社名や誕生日など多くの情報を追加できます。

メモ 連絡先を修正する

「People」アプリに登録した連絡先は、あとから編集できる（Sec.70参照）ので、はじめからすべての情報を入力する必要はありません。まずは名前とメールアドレスのみなど、基本的な情報を入力し、あとから必要に応じて情報を追加していくことができます。

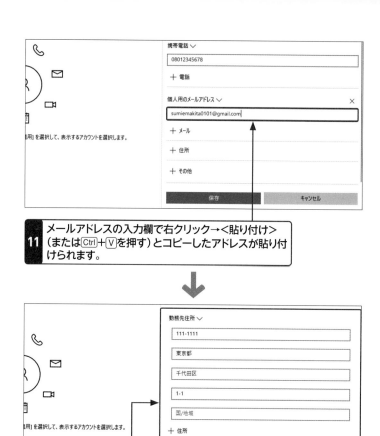

11 メールアドレスの入力欄で右クリック→＜貼り付け＞（またはCtrl＋Vを押す）とコピーしたアドレスが貼り付けられます。

12 必要に応じて住所やそのほかの情報を入力し、

13 ＜保存＞をクリックすると、連絡先の情報が登録されます。

14 連絡先が登録されているのが確認できます。

2 「People」アプリからメールを送信する

1 ＜スタート＞ボタンをクリックし、

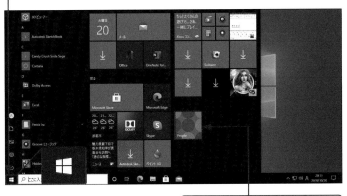

2 ＜People＞をクリックします。

3 メールを送付したい連絡先をクリックして、

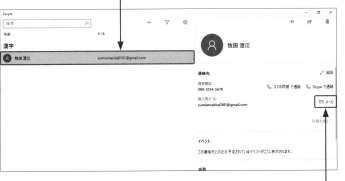

4 ＜メール＞をクリックすると、

5 ＜宛先＞に連絡先のメールアドレスが入力された状態でメールの作成画面が表示されます。

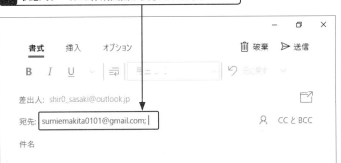

6 件名や本文を入力してメールを送信できます。

ヒント 既定のアプリを変更する

「設定」アプリで＜アプリ＞→＜既定のアプリ＞をクリックし、＜メール＞をクリックすると、「People」アプリでメールアドレスをクリックしたときに起動するアプリを「メール」アプリ以外に変更できます。

メモ 連絡先を検索する

登録されている連絡先が増えてくると、目的の連絡先を探すのに手間がかかります。検索ボックスに名前を入力すると、該当する連絡先が表示されるので、目的の相手とすぐ連絡を取りたいときに便利です。

1 検索ボックスに名前の最初の数文字を入力すると、

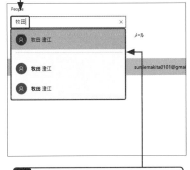

2 該当する連絡先が表示されます。

複数のメールアドレスを利用する

「メール」アプリでは、Webメールやプロバイダーメールなど、複数のメールアドレスを利用できます。メールアドレスを複数登録すると、「仕事とプライベートで異なるメールアドレスを使う」「仕事のプロジェクトごとに異なるメールアドレスを使う」といった使い方ができます。

1 メールのアカウントを追加する

メモ メールアドレスをまとめて管理する

Outlook.comやGmail、Yahoo!メールなど、複数のメールサービスをWebブラウザーで利用する場合は、それぞれのWebページにアクセスする必要があり、操作方法も異なります。「メール」アプリでは、複数のメールアドレスを登録できるので、これらを一括で管理できます。

ヒント プロバイダーメールを追加する

プロバイダメールを追加する場合は、手順**5**の画面で<詳細設定>をクリックし、画面の指示に従います（P.134参照）。

ヒント アカウントを追加する

右の手順では、Google（Gmail）のメールアドレスを追加しています。Gmail以外のHotmailやOutlook.com、iCloudメールなどを追加する場合は、手順**5**の画面で該当する項目をクリックします。

> ここではGmailのメールアドレスを追加します。Googleアカウントを作成しておきます。

1 <設定>をクリックして、

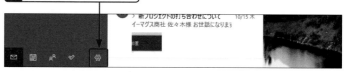

2 <アカウントの管理>をクリックすると、

3 「アカウント」パネルが表示されます。

4 <アカウントの追加>をクリックして、

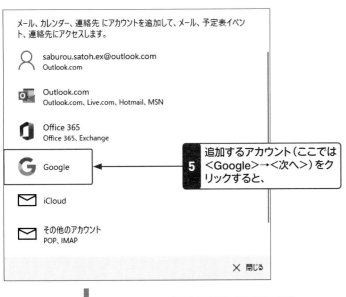

5 追加するアカウント（ここでは<Google>→<次へ>）をクリックすると、

6 Googleへのログイン画面が表示されます。

7 Googleのユーザー名（Gmailのメールアドレス）を入力して、

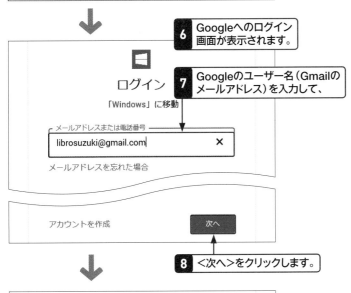

8 <次へ>をクリックします。

9 パスワードを入力して、

10 <次へ>→<ログイン>をクリックします。

メモ　Yahoo!メールとiCloudメールを追加する

「メール」アプリには、Yahoo!メールやiCloudメールのアカウントを追加できます。Yahoo!メールの場合は手順5の画面で<その他のアカウント>を、iCloudメールの場合は手順5の画面で<iCloud>をクリックします。メールアドレスとパスワードを入力する画面が表示されるので、それぞれを入力し、<サインイン>をクリックします。

メモ　アカウントの設定を変更する

左の手順では、アカウントを追加しています。追加したアカウントの設定を変更する手順については、Sec.66を参照してください。

ステップアップ　そのほかのアカウントを追加する

プロバイダーメールやWebメールによっては、手順5の画面で<その他のアカウント>からアカウントを追加できます。この場合、メールアドレスとパスワードを入力する画面が表示されるので、それぞれを入力し、<サインイン>をクリックすると、「メール」アプリによってアカウントが自動的に追加されます。ただし、メールサーバーなどの設定によっては追加されません。この場合は、<詳細設定>をクリックし、画面の指示に従います。

メモ ほかのアプリにも
反映される

「メール」アプリは、「People」アプリ
（Sec.63参照）や「カレンダー」アプリと連携
しています。そのため、「メール」アプリにメー
ルアドレスを追加すると、「People」アプリや
「カレンダー」アプリにもアカウントが自動的
に追加されます。

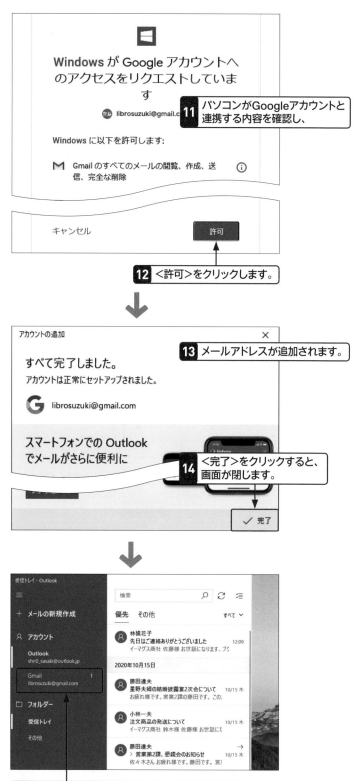

キーワード Google アカウント

「Google アカウント」は、Gmail や Google
カレンダーなど、Googleのサービスを利用す
るためのアカウントです。GoogleのWebペー
ジなどから作成できます（P.76参照）。

2 メールのアカウントを削除する

1 「アカウント」パネルを表示して、

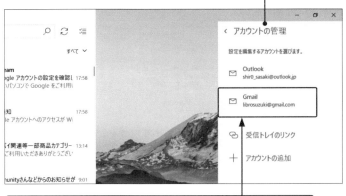

2 削除したいアカウント（ここでは<Gmail>）をクリックします。

Gmail アカウントの設定

G librosuzuki@gmail.com

アカウント名

Gmail   ×

メールボックスの同期の設定を変更
コンテンツを同期するためのオプションです。

3 <このデバイスからアカウントを削除>をクリックして、

このデバイスからアカウントを削除
このデバイスからこのアカウントを削除します。

アカウントの設定   ×

このアカウントを削除しますか?

G librosuzuki@gmail.com

このアカウントを削除すると、関連付けられているすべてのコンテンツがこのデバイスから削除されます。

続けますか?

4 <削除>→<完了>をクリックすると、アカウントが削除されます。

アカウントを削除すると、メールも削除されます。

🗑 削除   × キャンセル

📝 **メモ** **メールも削除される**

メールアドレスを削除すると、そのメールアドレスで送受信したメールも「メール」アプリから削除されます。GmailやiCloudなどはそれぞれのWebページにアクセスすれば、やりとりした内容を確認できます。

📝 **メモ** **アカウント名を変更する**

アカウントを切り替えるときに表示されるアカウント名は、あとから変更できます（P.181の上段のメモ参照）。

📝 **メモ** **メールの受信頻度を設定する**

左中段図の「メールボックスの同期設定を変更」では、「メール」アプリがサーバーからメールを受信する時間の間隔（頻度）を設定できます（P.181の中段のメモ参照）。

📝 **メモ** **再度設定する**

メールアドレスを「メール」アプリから削除すると、そのメールアドレスが「メール」アプリで使えなくなります。ただし、メールアドレスそのものがなくなるわけではありません。再度設定すれば、削除する前と同じように、複数のメールアドレスを利用できます。

メールアカウントを切り替える

Sec.64 で「メール」アプリにメールアドレスを追加すると、以降はそのアドレスを使ってメールをやり取りできます。まずはアカウントを切り替えましょう。「メール」アプリ画面左側のメニューで、使用したいアドレスをクリックすればOK です。

1 追加したメールアカウントに切り替える

メモ　メールアカウントと　メールアドレスの違い

メールアカウントとメールアドレスは同じように見えて、厳密には違います。「メールアカウント」はメールサービスの利用に必要な個人情報です（パスワードなども含みます）。メールアドレスとは、実際にメールを送受信するための宛先です。ですがここではほぼ同じ意味で扱っています。

ヒント　アカウント名を　変更する

アカウントを切り替えるときに表示されるアカウント名は、あとから変更できます（P.181 の上段のメモ参照）。

キーワード　アーカイブ

メールの画面上部に表示されるメニューは、アカウントによって異なります。たとえば「アーカイブ」は、一部のメールサービスで利用できる、メールを倉庫にしまいこむ機能です。

Outlook.jpで受信したメールが表示されています。

1 アカウント名（ここでは<Gmail>）をクリックすると、

2 アカウントが切り替わります。

Gmailで受信したメールが表示されています。

2 追加したメールアカウントでメールを作成する

1 ＜メールの新規作成＞をクリックすると、

2 メールの作成画面が表示されます。

3 差出人のメールアドレスがGmailになっていることを確認できます。

ヒント **メールはアカウントごとに作成される**

前ページでメールアカウントを切り替えたあとで新規メールを作成すると、「差出人」に表示されるメールアドレスも自動的に切り替わります。ここではGoogleアカウントに切り替えたので、Gmailのアドレスが表示されます。

メモ **署名などはアカウントごとに設定する**

メールに表示される署名や受信頻度などは、メールアカウントごとに設定されます。複数のメールアドレスで同じ情報を使いたい場合は、それぞれ編集する必要があります。

ヒント **メールアカウントを削除する**

メールアカウントを追加したものの使用しなかった場合は、P.177の方法で削除しましょう。

第6章 メールを便利に使おう

メモ **フォルダーの構成が異なる**

「メール」アプリのフォルダーの構成は、利用しているメールアカウントによって異なります。たとえば「メール」アプリにGmailを設定している場合、＜その他＞をクリックすると、「すべてのメール」や「重要」といったフォルダーが追加されます。

メールアカウントによって、フォルダーの構成は異なります。

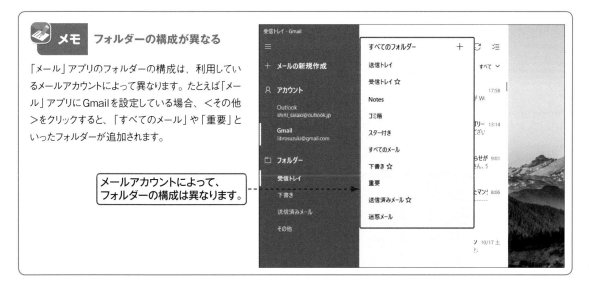

メールアカウントごとの設定を変更する

アカウントの名前や、メールを自動的に受信する頻度といったメールアカウントの設定は、「設定」パネルから変更できます。たとえば「仕事用」というように名前をつけてより見分けやすくしましょう。ここでは、Sec.64で追加したGmailを例に設定変更の手順を解説します。

1 設定を変更するメールアカウントを選択する

ヒント　メールの通知を設定する

手順**2**で「設定」パネルを表示したあと、＜通知＞をクリックします。そのあとメニュー上部でメールアカウントを選択すると、通知音やバナーなどのオン／オフを切り替えられます。あまり使わないアカウントは通知をオフにしたいときなどに利用しましょう。

1 ＜通知＞をクリックし、

2 ＜通知のバナーを表示＞をクリックしてチェックを外します。

1 ＜設定＞をクリックして、

2 ＜アカウントの管理＞をクリックし、

3 設定を変更するアカウント（ここでは＜Gmail＞）をクリックします。

2 メールアカウントの設定を変更する

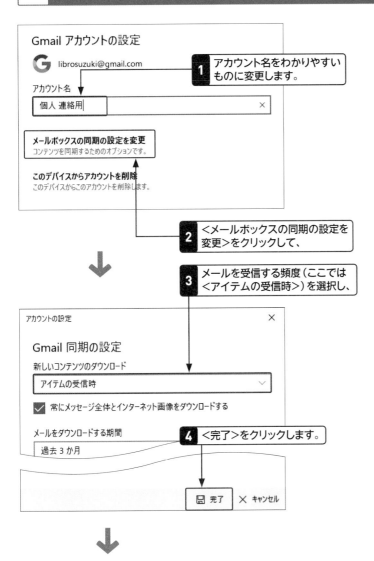

 **メモ** アカウント名を
変更する

メールアカウントを切り替えるときに表示されるアカウント名は、自動的に設定されます。左図の＜アカウント名＞を編集すると、好きな名前に変えられます。「仕事用」や「子供用」など、わかりやすい名前にしておくと「メール」アプリがより使いやすくなるでしょう。

メモ メールを受信する
頻度を設定する

左図の「新しいメールをダウンロードする頻度」では、「メール」アプリがサーバーからメールを受信する時間の間隔（頻度）を設定できます。頻度は、＜アイテムの受信時＞＜15分ごと＞＜30分ごと＞＜1時間ごと＞＜手動＞から選べます。＜アイテムの受信時＞を選択すれば、サーバーがメールを受信するのと同時に「メール」アプリで内容を確認できます。

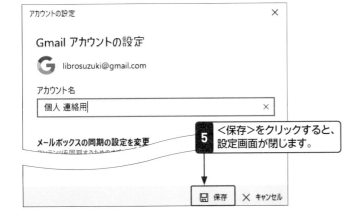

**ステップ
アップ** アカウントによって
設定項目は異なる

左図の設定項目は、Gmail の場合です。設定できる項目は、メールアカウントによって異なります。

181

「メール」アプリの
設定を変更する

「メール」アプリの「設定」パネルには、アカウント名や受信頻度のほかにも、いろいろな項目が用意されています。ぜひこれらもカスタマイズして、「メール」アプリをより使いやすくしましょう。ここでは、優先受信トレイを無効にする方法と背景の画像を設定する手順について解説します。

1 優先受信トレイを無効にする

🔍 **キーワード 優先受信トレイ**

優先受信トレイとは「メール」アプリで受信したメールをウィンドウズが重要と判断したら「優先」、それ以外を「その他」タブに自動分類する方法です。これはこれで便利な機能なのですが、振り分ける基準が明確でなく、自分にとって必要なメールがなぜか「その他」に移動されていたりと、混乱する一因にもなり得ます。そのため不要ならオフにしておくことをおすすめします。

1 ＜設定＞をクリックし、

2 ＜優先受信トレイ＞をクリックし、

3 ＜メッセージを優先とその他に分類する＞をクリックしてオフに切り替えると、

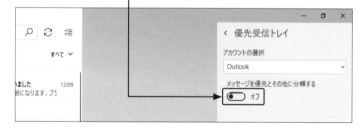

4 「メール」アプリの上部が「優先／その他」から「受信トレイ」になっているのを確認できます。

📝 **メモ メールを開封済みにする**

「メール」アプリでは、未読のメールは件名が強調表示され、一度も読んでいないことがわかりやすくなっています。初期設定では、クリックして本文を表示したあと、ほかのメールの件名をクリックすると開封済みになります。どのような作業を行ったときに未読を開封済みとして処理するかは、「設定」パネルの＜閲覧ウィンドウ＞から設定できます。

第
6
章
メ
ー
ル
を
便
利
に
使
お
う

2 背景の画像を設定する

1 ＜設定＞をクリックして、

2 ＜個人用設定＞をクリックし、

3 画像をクリックすると、

4 背景の画像が設定されます。

メモ オリジナルの背景を設定する

左の手順では、Windows 10にあらかじめ用意された画像を背景に設定しています。手順**3**の画面で＜参照＞をクリックすると、「開く」画面が表示されるので、画像の保存場所を指定して画像を選択し、＜開く＞をクリックすると、オリジナルの画像を背景に設定できます。

メモ 外観の色を変更する

手順**3**の画面で「色」から目的の色をクリックすると、「メール」アプリの外観を変更できます。ほかにも「淡色モード」や「濃色モード」などにも変えられます。

メールをフォルダーごとに管理する

最新の「メール」アプリではMicrosoftアカウントでログインしたあと、そのままアプリ内でフォルダーを作成できます。取引先や案件ごとにメールを分類したいとき活用しましょう。ここではフォルダーの作成と管理方法について解説します。

1 フォルダーを作成する

メモ 以前の「メール」アプリでは?

以前は「メール」アプリと同じMicrosoftアカウントでOutlook.comの公式サイトにサインインしたあと、フォルダーを新規作成して同期させなければなりませんでした。今では「メール」アプリから直接作成できます。

1 <その他>をクリックし、

2 <+>をクリックして、

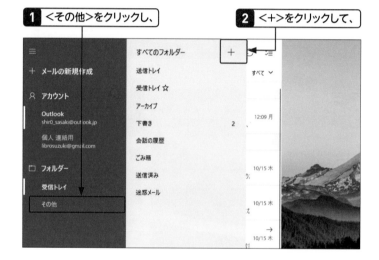

ヒント フォルダー名を変更する

手順**4**のあと、<その他>からフォルダーの一覧を表示し、新規作成したフォルダーを右クリックして<名前の変更>をクリックすると、フォルダー名を変えられます。

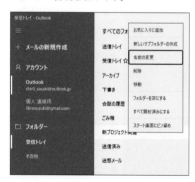

3 新しいフォルダー名を入力してEnterを押すと、

4 新しいフォルダーが作成されます。

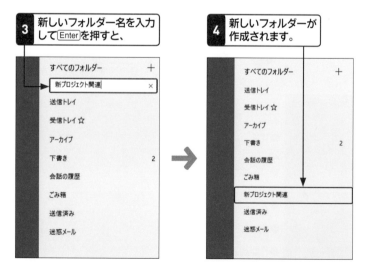

2 メールをフォルダーごとに整理する

1 <選択モードを開始する>をクリックし、

2 メールをクリックしたあと、

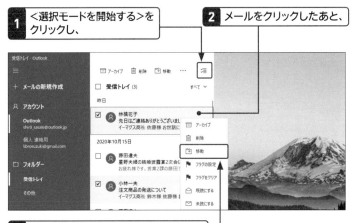

3 右クリック→<移動>をクリックします。

4 前ページで作成したフォルダーをクリックします。

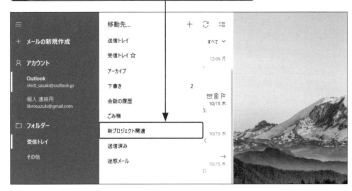

5 <その他>→新規作成したフォルダーをクリックすると、

6 移動したメールを一覧で確認できます。

ヒント　フォルダー内のメールをすべて削除する

<その他>をクリックし、任意のフォルダーを右クリックしたあと<フォルダーを空にする>→<OK>をクリックすると、フォルダー内のメールがすべてごみ箱に移動します。1つのプロジェクトが終わり、関連メールが不要になったときなどに利用するとよいでしょう。

ステップアップ　サブフォルダーを作成する

<その他>をクリックしたあと、任意のフォルダーを右クリックして<新しいサブフォルダーの作成>をクリックすると、フォルダーの中にさらにフォルダーを作成できます。まずは取引先ごとにフォルダーを作り、その中で案件ごとにサブフォルダーを作りたいようなときに便利です。

フォルダー単位で
メールを開封・削除する

フォルダーごとに分類されたメールは、フォルダー単位で一度に開封したり、削除することができます。フォルダーに未読のメールが溜まってきたり、フォルダー自体が不要になったときに、たくさんのメールに対してまとめて処理を行う方法を解説します。

1 フォルダー内のメールをすべて開封済みにする

🔼 ステップ
アップ
**フォルダーを
お気に入りに追加する**

頻繁に使うフォルダーはお気に入りに追加しておくと、毎回<その他>をクリックして一覧から選択しなくてもメニュー画面に表示されるようになります。

1 <その他>をクリックし、

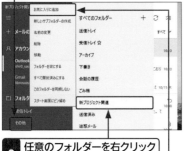

2 任意のフォルダーを右クリックしたあと、

3 <お気に入りに追加>をクリックします。

4 左のメニューにフォルダーが表示されます。

1 <その他>をクリックし、 **2** 任意のフォルダを右クリックしたあと、

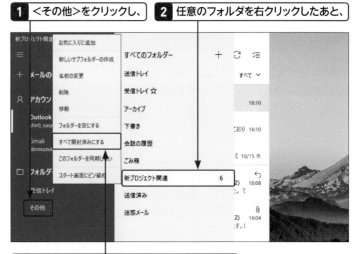

3 <すべて開封済みにする>をクリックします。

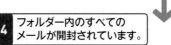

4 フォルダー内のすべての
メールが開封されています。

2 フォルダーを削除する

1 <その他>をクリックし、

2 任意のフォルダーを右クリックしたあと、

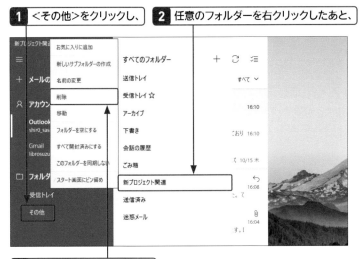

3 <削除>をクリックします。

4 <OK>をクリックします。

5 フォルダーがごみ箱に移動して
いることが確認できます。

**ステップ
アップ** フォルダーをお気に
入りから削除する

お気に入りに追加したものの頻繁に開かなく
なったフォルダーは、右クリック→<お気に入
りから削除>でメニューに表示されないように
することができます。

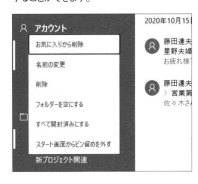

ヒント フォルダーをスタート
画面にピン留めする

手順**1**の画面で<スタート画面にピン留め>
をクリックすると、任意のフォルダーをスタート
画面から起動することができます。

メールアドレスや電話番号を管理する

Sec.63で連絡先を登録した「People」アプリでは、連絡先の確認や情報の修正・追加を行うことができます。さらに、同じ人物が別々に登録されている場合、それぞれの連絡先を1つに統合することも可能です。ここでは、「People」アプリの基本的な使い方を一通り解説します。

1 連絡先の情報をあとから編集する

🔍 **キーワード** 「People」アプリ

「People（ピープル）」アプリは、Windows 10に最初から用意されてる連絡帳です。家族や友人、職場の同僚や取引先の担当者などのメールアドレスや住所、電話番号などの情報をまとめて管理できます。

1 「People」アプリ起動後、任意の連絡先をクリックし、

2 <編集>をクリックします。

3 追加したい内容を入力し（ここでは「勤務先のメールアドレス」）、

📝 **メモ** 連絡先を検索する

連絡先がたくさん登録されている場合は、検索機能を利用（P.173下段のメモ参照）すると、目的の相手をすぐに表示できます。

4 <保存>をクリックします。

5 手順**1**の画面に戻って<詳細を見る>をクリックすると、

📝 **メモ** 「People」アプリの画面

「People」アプリの画面は、シンプルに左右に分かれています。画面の左側には連絡先の一覧が、右側には電話番号やメールアドレスといった詳細が表示されます。

6 情報が追加されているのを確認できます。住所やそのほかの情報も同じ方法で登録できます。

2 同じ人物の連絡先を関連付ける

1 任意の連絡先をクリックし、

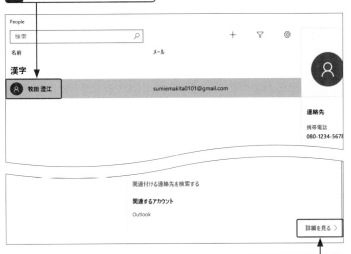

2 「結合された連絡先」の<詳細を見る>をクリックします。

3 <関連付ける連絡先を検索する>をクリックし、

4 一覧から関連付ける連絡先をクリックします。

5 連絡先が1つに統合されます。

ヒント　連絡先を関連付ける

「同じ人物だが会社の連絡先と個人の連絡先がOutlook.comやGmailの連絡先に別々に登録されている」といった場合は、それぞれの連絡先を1つに統合できます。

ステップアップ　連絡先を共有する

連絡先をほかのユーザーと共有するには、手順**1**の画面右上にある🔄をクリックし、<連絡先の共有>をクリックして、共有する相手に連絡するためのアプリを選択します。

ヒント　「People」アプリを終了する

「People」アプリを終了するには、画面右上の<閉じる>をクリックします。

アカウントを追加して 連絡先を一括管理する

「People」アプリでは「メール」と同様、複数のアカウントを登録できます。個人用とプライベートの連絡先をまとめて管理したいときに便利です。なお設定が完了すると、「メール」にも自動的にアカウントが追加されます。ここではアカウントの追加や連絡先の削除手順を解説します。

1 「People」アプリにアカウントを追加する

メモ 連絡先を表示する アカウントを絞る

画面左側のメニューで<連絡先にフィルターを適用>をクリックしたあと、各アカウントのチェックを外して「完了」をクリックすると、「People」に表示するアカウントの連絡先を減らせます。目的の連絡先がなかなか見つけられないときに利用しましょう。

1 クリックしてアカウントのチェックを外し、

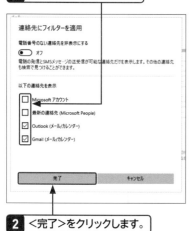

2 <完了>をクリックします。

1 <設定>をクリックし、

2 <アカウントを追加>をクリックすると、

「アカウントの追加」画面が表示されます。

3 追加したいアカウント（ここでは<Google>）をクリックします。

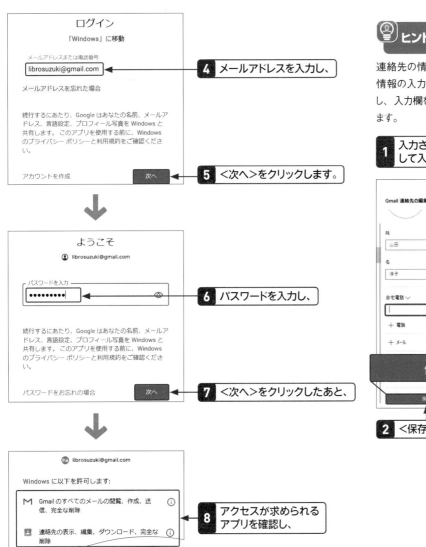

4 メールアドレスを入力し、

5 <次へ>をクリックします。

6 パスワードを入力し、

7 <次へ>をクリックしたあと、

8 アクセスが求められるアプリを確認し、

9 <許可>→<完了>をクリックします。

10 起動画面に戻ると、連絡先が追加されているのを確認できます。

ヒント 連絡先の情報を削除する

連絡先の情報を削除するには、削除したい情報の入力欄に入力されている情報を削除し、入力欄を空白にして<保存>をクリックします。

1 入力されていた情報を削除して入力欄を空白にして、

2 <保存>をクリックします。

メモ 「メール」にも自動的にアカウントが追加される

左の手順で「People」アプリにアカウントの追加を行うと、同じアカウントが「メール」アプリにも自動的に追加されます。

2 連絡先を削除する

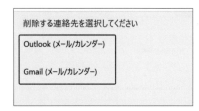

メモ 関連付けられた
連絡先を削除する

複数の連絡先が関連付けられた連絡先を削
除する場合、関連付けられたうちのどの連
絡先を削除するかを選択します。

> 削除する連絡先を選択してください
>
> Outlook (メール/カレンダー)
>
> Gmail (メール/カレンダー)

1 任意の連絡先をクリックし、 **2** <削除>をクリックします。

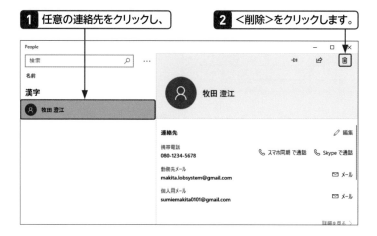

3 <削除>をクリックします。

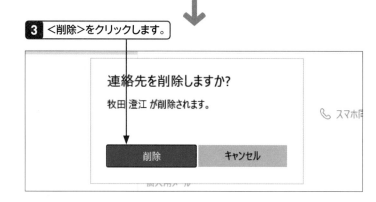

4 一覧から連絡先が削除されていることを確認できます。

メモ 連絡先の削除を
キャンセルする

手順**3**の画像で<キャンセル>をクリックす
ると、連絡先の削除をキャンセルすることが
できます。連絡先を削除すると、登録されて
いたメールアドレス、電話番号、住所などの
情報がすべて削除されるため、連絡先の削
除は慎重に行いましょう。

Chapter 07

第7章

困ったときの解決法

Q 01 インターネットをはじめるには？

A 回線・プロバイダーとの契約が必要です。

インターネットをはじめるには、インターネットに接続するための回線と、インターネットへの接続サービスを提供しているプロバイダーとの契約が必要です。

インターネット利用までの流れ

接続する回線とプロバイダーの選択

利用目的や利用時間、料金などを検討し、自分に合った回線とプロバイダーを選択しましょう。

回線の契約とプロバイダーとの契約

回線とプロバイダーの契約は、同時に行う場合と、別々に行う場合があります。プロバイダーに入会するには、主に次のような方法があります。

・ 家電量販店やプロバイダーの直営店で申し込み
・ プロバイダーのWebサイトから申し込み

必要に応じて通信事業者に申し込み

接続する回線によっては、NTTなどの通信業者への申し込みが必要です。

工事・開通

接続する回線によっては、自宅内の工事が必要になることもあります。

機器の接続とパソコンの設定を行う

プロバイダーや通信業者より貸し出される回線終端装置（ONU）などの機器を設置し、パソコンで設定を行います。

インターネットを利用する

Q 02 サインイン・サインアウトとは？

A 本人であることを示す認証作業です。

インターネット上のサービスを利用する場合は、本人であることを示す認証が必要になります。この手続きを「サインイン」といいます。サインインには、事前に設定したメールアドレスやID、パスワードなどのアカウント情報を入力します。また、サインインの状態からサインインする前の状態に戻ることを「サインアウト」といいます。なお、サインインの同義語として「ログイン」や「ログオン」、サインアウトの同義語として「ログアウト」や「ログオフ」と表記しているサービスもあります。

Microsoft アカウントの場合

Microsoftアカウントでは、「サインイン」と表記されています。

1 事前に登録したメールアドレスを入力します。

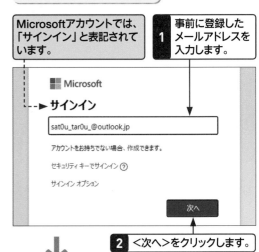

2 ＜次へ＞をクリックします。

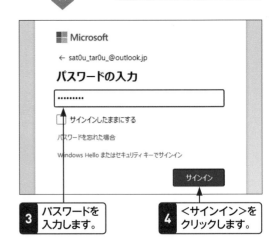

3 パスワードを入力します。

4 ＜サインイン＞をクリックします。

Q03 Webブラウザーが最新版になっていない

 A 最新版のブラウザーをダウンロードしましょう。

Windows 10に搭載されている標準ブラウザー「Microsoft Edge」は、システムを一新し、2020年1月にリリースされました。Google Chromeと同じソフトウェアである「Chromium（クロミウム）」を採用したMicrosoft Edgeは、速度が向上したことはもちろん、Google Chromeの拡張機能も使えようになるなど、機能も充実しています。Windows Updateにて順次最新版のEdgeに更新されますが、専用のページからダウンロードすることもできます。

| 旧Microsoft Edgeで操作しています。 |

1 Edgeのダウンロードページ（https://www.microsoft.com/ja-jp/edge）を表示して、

2 ＜ダウンロード＞をクリックします。

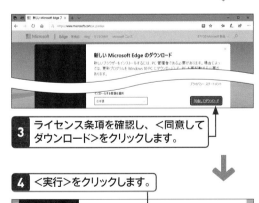

3 ライセンス条項を確認し、＜同意してダウンロード＞をクリックします。

4 ＜実行＞をクリックします。

5 新しいMicrosoft Edgeの画面が表示されたら、＜始める＞をクリックします。

Q04 Webブラウザーが固まって操作できなくなった

 A タスクマネージャーからWebブラウザーを終了しましょう。

Webブラウザーが固まってしまい、「×」ボタンで終了できない場合は、タスクマネージャーから終了しましょう。タスクマネージャーとは、Windows場で動作しているさまざまなアプリケーションやバックグラウンドで動いているプログラムを一元管理できるソフトウェアのことです。タスクマネージャーより、動作しないアプリケーションを強制終了することができます。
タスクマネージャーは、以下の方法のほか、ショートカットキーの Ctrl + Shift + Esc キーから起動することもできます。

1 ＜Windows＞を右クリックし、

2 ＜タスクマネージャー＞をクリックします。

3 タスクマネージャーが表示されたら、

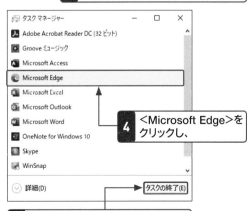

4 ＜Microsoft Edge＞をクリックし、

5 ＜タスクの終了＞をクリックすると、Edgeを強制終了できます。

第7章 困ったときの解決法

195

Q 05 Webブラウザーが勝手に終了してしまう

A ブラウザーのアップデートやリセットを行います。

Microsoft Edge を開いていて、「×」を押していないにも関わらず勝手にブラウザーが終了してしまう場合、パソコン自体の不調やEdgeの不具合など、さまざまな原因が考えられます。まずは履歴やキャッシュの削除（P.55参照）、パソコンの再起動を試してみましょう。このほか、Edge をアップデートすることで復旧する可能性もあります。アップデート情報がないか、確認してみましょう。

それでも現象が改善しないようなら、Edge をリセットしましょう。拡張機能（Q21参照）やタブのピン留め（Q18参照）、Cookie などの一部の設定が消去されますが、お気に入りや保存したパスワードなどは消去されません。

●Edge をアップデートする

1 Edgeの「設定」画面を表示して、

2 ＜Microsoft Edgeについて＞をクリックします。

3 アップデートのチェックが始まります。アップデートがあれば、自動的に適用されます。

4 適用が終わったあとやアップデートがない場合は、＜Microsoft Edgeは最新です＞と表示されます。

●Edge をリセットする

1 Edgeの「設定」画面を表示して、

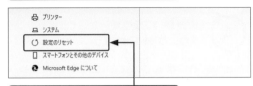

2 ＜設定のリセット＞をクリックし、

3 ＜設定を復元して既定値に戻します＞をクリックします。

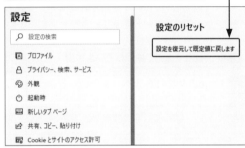

4 注意を読み、＜リセット＞をクリックします。

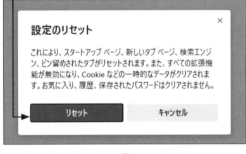

5 設定がリセットされます。動作が改善するか確認しましょう。

Q 06 開いたページで「404」や「503」と表示された

A エラーによってWebページが表示できなくなっています。

Webページを表示する際、まれに「404 Not Found」や「503 Service Unavailable」といったメッセージが表示され、希望のページが表示されないことがあります。これらは何らかのエラーによりWebページが開けなくなっている状態です。エラーの数字より、おおよその原因をつかむことができます。

400番台のエラーは、ブラウザからのリクエスト処理に失敗したことを表しています。特に404は、Webサイト自体が見つからないときに表示されます。以下のようなことがあると、404エラーが表示されます。

・入力したURLが間違っている
・WebページのURLが変更されている
・Webページが削除されている

500番台のエラーは、サーバーのリクエスト処理に失敗したことを表しています。特に503は、Webページにアクセスが集中し、負荷がかかることでサーバーがダウンしてしまったり、メンテナンスでサーバーを利用できなくなった場合などに表示されます。時間をおいて再度アクセスしてみましょう。

404エラーは、URLの入力を誤っていたり、Webページが削除されたりすると表示されます。

503エラーは、アクセスが集中していたり、メンテナンス中などに表示されます。

Q 07 検索に使うサービスが勝手に変わってしまった

A 「既定のアプリ」より設定を戻しましょう。

ファイルを開くとき、自動的に選択されるアプリを「既定のアプリ」といいます。Webブラウザーの場合、ハイパーリンクなどをクリックすると、既定のアプリに設定されているブラウザーでWebページを表示します。

Windows 10では、デフォルトでMicrosoft Edgeが既定のアプリに設定されています。ただ、ほかのWebブラウザーを使っているとき「既定のブラウザーに設定する」ボタンが表示されることがあり、これを気付かないうちに押してしまうと、既定のブラウザーが変更される可能性もあります。ブラウザーが変わってしまったら、「設定」アプリから元に戻しましょう。

1 「設定」アプリを起動し、＜アプリ＞をクリックします。

2 ＜既定のアプリ＞をクリックし、

3 ＜Webブラウザー＞にあるアプリ名をクリックします。

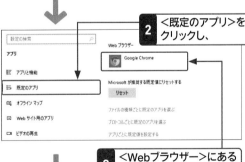

4 既定のブラウザーに設定したいアプリ名をクリックすると、既定のブラウザーが変更されます。

Q 08 自分の個人情報が漏れないか心配…

A プライバシー機能を強化する設定をしましょう。

Microsoft Edgeでは、入力したパスワードやクレジットカード情報、住所といった情報を保存して、入力が必要な場面で自動入力する機能があります。同じ情報を何度も入力する必要がなくなり便利ですが、それらの個人情報をブラウザーに残したくない場合、この機能をオフにすることができます。

また、ブラウザーには閲覧情報を収集し、傾向を元によりニーズに近い広告を表示する「追跡」機能があります。Edgeでは、この追跡を防止する機能が標準でオンになっています。通常は「バランス」で設定されていますが、よりプライバシーを強化したいなら、「厳重」に設定しましょう。ただし、Webサイトによっては、コンテンツが表示されなかったり、動作しなくなる可能性もあります。その場合は個別に追跡を許可する設定も可能です。

そのほか、閲覧履歴を残さないようにしたり（Q11参照）、セキュリティ保護されていないWebサイトでは個人情報を入力しないようにしたり（Q13参照）することも、プライバシーを守ることにつながります。

●クレジットカード情報を保存しない設定にする

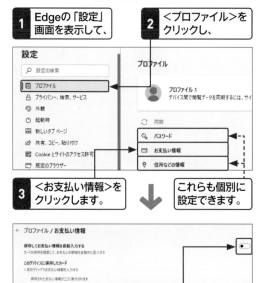

1 Edgeの「設定」画面を表示して、

2 ＜プロファイル＞をクリックし、

3 ＜お支払い情報＞をクリックします。

これらも個別に設定できます。

4 ここをクリックしてオフにすると、入力したカードの情報は保存されません。

●追跡防止を厳重設定にする

1 Edgeの「設定」画面を表示して、

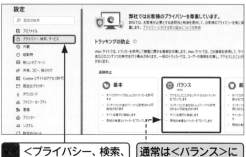

2 ＜プライバシー、検索、サービス＞をクリックします。

通常は＜バランス＞に設定されています。

3 ＜厳重＞をクリックして設定します。

4 個別に追跡を許可する場合、＜サイト情報の表示＞をクリックして、

5 ＜オフ＞に設定します。

Q09 表示される広告が多すぎる

押し付けがましい広告を
ブロックできます。

Microsoft Edge では、迷惑な広告をブロックする
機能が搭載されています。ユーザーを誤解させるよ
うな情報を掲載している広告や、フィッシング詐欺
を誘発する広告、過度な量の広告などを、独自の評
価基準で非表示にします。

この機能は、標準でオンになっています。もし、広
告が多くてわずらわしいと感じた場合、一度広告の
ブロック機能が有効になっているか確認してみま
しょう。なお、追跡防止機能（Q8参照）でも、追跡
による不必要な広告をブロックできます。

1 Edgeの「設定」画面を表示して、

2 ＜Cookieとサイトのアクセス許可＞を
クリックします。

3 ＜広告＞をクリックします。

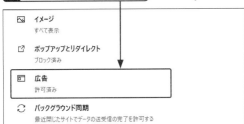

4 ＜押し付けがましい広告や誤解を招く広告を
表示するサイトでは、広告をブロックする
（推奨）＞をクリックしてオンにします。

Q10 開いたWebページで 警告が表示された

安全ではないページが
表示されています。

Webサイトを開こうとしたとき、赤い画面で「この
サイトは安全ではないサイトとして報告されていま
す」などの警告メッセージが表示されることがあり
ます。これは、「Windows Defender SmartScreen」
というセキュリティ機能によるもの。コンピュータ
に何かしらの悪影響を及ぼすマルウェアや、個人情
報を入力させ盗み出すフィッシングサイトなど、危
険な情報が含まれている可能性のあるWebサイト
にアクセスしようとすると表示されます。なるべく
アクセスしないようにしましょう。

また、閲覧できるWebサイトで個人情報を入力す
る場合も、安全なWebサイトかを必ず確認しましょ
う。安全なWebサイトは、入力した情報を暗号化
してやりとりするため、外部から盗み出されたり改
ざんされることがありません。入力したアドレス
バーの左上に「セキュリティ保護なし」と表示され
ている場合、そのページで入力した情報は暗号化さ
れません。閲覧自体は問題ありませんが、個人情報
やクレジットカード情報などの入力は避けましょ
う。

安全ではないWebサイトへアクセスすると、
このような画面が表示されます。

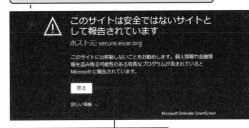

1 ＜戻る＞をクリックし、
アクセスしないようにします。

暗号化されていないWebサイトでは、
このようなメッセージが表示されます。

Q 11 履歴が残らない
ようにしたい

履歴を都度消去するか、
InPrivateブラウズを利用しましょう。

Microsoft Edgeでは、閲覧したWebページの履歴を自動的に保存し、過去に閲覧したページを一覧で確認することができます（Sec.15参照）。一度表示したWebページにすぐアクセスできるので便利な一方、他人から借りたパソコンや共用しているパソコンで調べものをするときなど、検索した履歴を残さないようにしたい場合もあります。こんなときは、Sec.22でも紹介しているInPrivateブラウズで検索するか、ブラウザーを閉じるたびに検索履歴を自動で消去する設定にするとよいでしょう。

● ブラウザを閉じるときに履歴を消去する

1 Edgeの「設定」画面を開き、<プライバシー、検索、サービス>をクリックして、

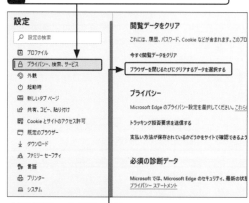

2 <ブラウザーを閉じるたびにクリアするデータを選択する>をクリックします。

3 ブラウザーを閉じる際に消去したい内容について、クリックしてオンにします。

● InPrivate ブラウズを表示する

1 <設定など>をクリックして、

2 <新しいInPrivateウィンドウ>をクリックします。

3 InPrivateブラウズが開きます。この状態で検索した内容は履歴に残りません。

● InPrivate ブラウズを閉じる

1 InPrivateブラウズを閉じるには、<InPrivateで閲覧しています>をクリックして、

2 <InPrivateウィンドウを閉じる>をクリックします。

急にWebページの表示が遅くなった

遅くなる原因に応じて対処します。

Webブラウザーを使用中急に表示が遅くなった場合、いくつかの原因が考えられます。原因に応じて対処しましょう。

- ネットワーク回線の混雑や、Webサイトへのアクセスが多くなり、遅延が発生していることが考えられます。時間を置いてアクセスし直しましょう。
- タブを開きすぎていると、パソコンのメモリやCPUに負荷がかかり、動作が遅くなる場合があります。不要なタブを閉じて、動作が改善するか確認しましょう。
- Edgeを長く使用していると、Webページの表示や、Webページ間を移動する際に時間がかかる場合もあります。Edgeは閲覧したデータを内部に保存し、ページの再表示速度を高めますが、そのデータが蓄積された結果、動作が遅くなってしまうためです。閲覧履歴とキャッシュを削除（P.55参照）してみましょう。
- Edgeに追加した拡張機能（Q21参照）が原因の可能性もあります。不要な拡張機能があれば削除してみましょう。

● 拡張機能を削除する

1 「拡張機能」画面を表示して（Q21参照）、

2 削除したい拡張機能の＜削除＞をクリックし、

3 ＜削除＞をクリックします。

パスワードを保存するか聞かれた

Edgeに保存すると次回から自動入力できます。

Edgeでサインインが必要なWebサイトにアクセスすると、入力後ユーザー名とパスワードを保存するかを確認されます。保存した場合、次回同じWebサイトにアクセスした際にアカウント情報が自動的に入力され、簡単にサインインすることができます。また、パスワードを保存するかの確認は標準で行われるようになっていますが、＜設定など＞→＜設定＞をクリックし、＜プロファイル＞の＜パスワード＞をクリックして「パスワードの保存を提案」をオフにすると確認や保存は行われなくなります。

● パスワードを保存する

1 ＜保存＞をクリックすると、

2 次回からアカウント情報が自動的に入力されます。

● 保存の確認を行わないようにする

1 確認が不要な場合は＜パスワードの保存を提案＞をオフにします。

第7章 困ったときの解決法

201

Q 14 保存したパスワードを削除したい

A 設定から削除することができます。

Edge に保存したパスワードは、「設定」画面から削除することができます。

また、履歴の管理画面から、閲覧履歴などと一緒に削除することも可能です。

●設定画面から削除する

1 Edgeの「設定」画面で<プロファイル>をクリックし、

2 <パスワード>をクリックします。

3 <その他のアクション>→<削除>をクリックします。

●履歴の管理画面から削除する

1 「閲覧データをクリア」画面を開き（P.55参照）、<パスワード>をチェックします。

2 <今すぐクリア>をクリックします。

Q 15 通知を許可するか聞かれた

A 通知を許可するとプッシュ通知が表示されます。

Webサイトにアクセスした際、上部に通知の許可を求めるダイアログボックスが表示される場合があります。通知を許可した場合、当該サイトからのプッシュ通知がEdgeのウィンドウに表示されるようになります。Webサイトの情報をすぐに確認したいときに便利な機能です。

プッシュ通知機能のあるWebサイトには、このような表示があります。

ログイン（β版）

1 ここをクリックし、

通知がブロックされました
許可したサイトを除き、すべてのサイトで通知が自動的にブロックされます。

管理　　このサイトでは許可する

2 <このサイトでは許可する>をクリックします。

3 プッシュ通知があると、このように表示されます。

Edgeの通知が表示されないようにしたい

A 不要な通知はブロックしましょう。

プッシュ通知はWebサイトの最新情報を見逃したくないときに便利な機能ですが、頻繁に表示されるとわずらわしく感じることがあります。こんなときは、Webサイトからの通知を一時的にブロックするとよいでしょう。当該サイトから直接ブロックする方法と、Edgeの「設定」画面から通知を許可したWebサイトの一覧表を表示し、個別にブロックする方法があります。なお、ブロックしたWebサイトは「設定」画面から再度通知を許可することもできますが、今後許可するつもりがない場合は、登録されたWebページの情報を削除するとよいでしょう。

● Webサイト上で直接ブロックする

1 <サイト情報の表示>をクリックし、

2 <許可>をクリックします。

3 <ブロック>をクリックすると、通知が表示されなくなります。

● 「設定」画面で通知の一覧からブロックする

1 Edgeの「設定」画面を開き、<Cookieとサイトのアクセス許可>をクリックしたあと、

2 <通知>をクリックします。

3 通知の許可を取り消したいWebサイトの横にある<その他のアクション>をクリックし、

4 <ブロック>をクリックします。

<削除>をクリックすると、Webサイトの情報が削除されます。

5 通知がブロックされます。

ここから、通知を再度許可することもできます。

第
7
章

困ったときの解決法

ダウンロードが途中で失敗してしまった

Ａ ダウンロードを再開できます。

Webサイトからデータをダウンロード中、誤ってブラウザーを閉じてしまったり、Wi-Fiの接続が切れてしまったりすると、ダウンロードが失敗してしまうことがあります。Edgeでは、ダウンロード履歴を一覧で表示できるため、そこからダウンロードを再開できます。わざわざ同じページを再度開く必要はありません。

1 ＜設定など＞をクリックし、

2 ＜ダウンロード＞をクリックします。

3 ダウンロードを再開したいデータの＜再試行＞または＜再開＞をクリックします。

4 データのダウンロードが再開します。

 毎日同じWebページを開くのが面倒!

Ａ 「タブのピン留め」機能が便利です。

頻繁に利用するWebサイトについては、お気に入り（Sec.13参照）に登録すると楽にアクセスできます。しかし、毎日必ず開いていつでも確認したいページは、Edgeにピン留めしておくと、Edgeを開くと同時に自動で該当ページも開くことができます。お気に入りを開く必要もないため、さらにすばやく目的のWebページを表示することができます。

1 ピン留めしたいWebページのタブを右クリックし、

2 ＜タブのピン留め＞をクリックします。

3 タブが小さくなり、左側に固定されます。

4 Edgeを開いたとき、ピン留めされたWebページも自動的に開きます。

ピン留めを外すときは、タブを右クリックし、＜タブのピン留めを外す＞をクリックします。

ダウンロードしたファイルが どこにあるのかわからない

「ダウンロード」フォルダーにあります。

Webページからダウンロードしたファイルやプログラムは、標準でWindowsの「ダウンロード」というフォルダーに格納されます。そこから適宜必要な場所に移動し、使用しましょう。なお、デスクトップなど、ほかの場所に保存する設定も可能です。

●保存したファイルを確認する

1 <エクスプローラー>をクリックし、

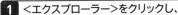

2 <PC>をクリックして、

3 <ダウンロード>をクリックします。

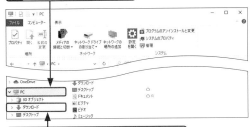

4 ダウンロードしたファイルが保存されています。

●保存場所を変更する

1 Edgeの「設定」画面を表示し、

2 <ダウンロード>をクリックして、

3 <変更>をクリックします。

4 新しい保存先をクリックして選択し、

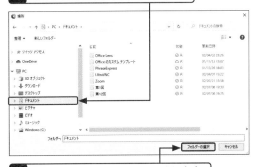

5 <フォルダーの選択>をクリックします。

6 保存先が変更されます。

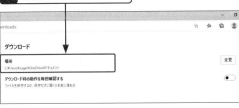

第7章 困ったときの解決法

205

Q20 Microsoft Edgeで開けないページがある

A Internet Explorerのみ対象のページが存在します。

Windows 10には、Microsoft EdgeとInternet Explorer 11という2つのブラウザーが搭載されています（P.27参照）。Internet Explorer 11はすでに開発が終了しており、Windowsでは新しいブラウザーであるMicrosoft Edgeの使用を推奨しています。ただ、官公庁やインターネットバンキング、社内ネットワーク専用のページなど、一部のサイトはEdgeに対応しておらず、Internet Explorerでしか表示できない場合もあります。そんなときは、Internet Explorerを起動しましょう。

> Webサイトによっては、Edgeに対応していない場合もあります。

1 スタートメニューを表示し、

2 <Windows アクセサリ>をクリックして、

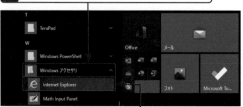

3 <Internet Explorer>をクリックします。

4 Internet Explorerが起動します。

Q21 Edgeをもっと便利に使いたい!

A 拡張機能を追加しましょう。

Microsoft Edgeは、ブラウザーにプログラムを追加して機能を強化できる「拡張機能」が備わっています。便利な機能を追加して、Edgeをさらに使い勝手のよいブラウザーにしましょう。拡張機能は、<設定など>の<拡張機能>から追加や削除が可能です。

なお、拡張機能はGoogle Chromeにも備わっています。EdgeはChromeをベースとして作成されているため、Edge専用ストアのほか、Chromeのストアからも拡張機能をダウンロードすることができます。

1 <設定など>をクリックし、

2 <拡張機能>をクリックします。

3 <Microsoft Edgeの拡張機能を検出する>をクリックします。

> ここから、Chromeウェブストアにある拡張機能を検索・インストールすることができます。

4 検索窓やカテゴリなどから、インストールしたい機能を探します。

Q 22 情報収集に便利な機能を増やしたい

A 拡張機能で増やすことができます。

Microsoft Edgeに標準搭載されている「コレクション」機能は、保存しておきたいWebページや画像などをテーマ別に保存でき、情報収集に役立ちます（Sec.14参照）。

そのほかにも、拡張機能にて情報収集に役立つ機能を追加することができます。ここで紹介する「AutoPagerize」は、ニュース記事やブログ記事など複数ページにまたがるWebページを1ページにまとめ、「次へ」などのボタンを押さなくてもスクロールだけで読めるようにする機能です。

なお、この機能は「Chrome ウェブストア」にて配信されています。以下の手順でChrome ウェブストアからの機能インストールを許可してからインストールしましょう。

● ほかのストアからの拡張機能を許可する

1 Edgeの「拡張機能」画面を表示し、

2 <他のストアからの拡張機能を許可します。>をクリックします。

3 <許可>をクリックします。

4 <Chromeウェブストア>をクリックし、インストールしたい拡張機能を探します。

● AutoPagerize で複数ページをまとめる

1 Chromeウェブストアで「AutoPagerize」を検索し、

2 <Chromeに追加>をクリックします。

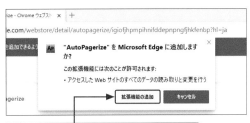

3 <拡張機能を追加>をクリックします。

AutoPagerizeが有効になっています。

4 Webページの2ページ目の内容も1ページにまとめて表示されます。

Q 23 Edgeを使用するユーザー ごとに使い分けたい

A プロファイルを登録しましょう。

Microsoft Edgeでは、プロファイルを複数設定することができます。プロファイルには、閲覧履歴やパスワードの保存設定など、それぞれのユーザーごとの情報が保存されます。この機能を使えば、会社や施設で共用のパソコンを使うときにプロファイルを切り替えたり、仕事用とプライベート用とでプロファイルを分けて登録したりと、用途別にEdgeの設定を切り替えて利用できます。それぞれに名前やアイコンを設定すると、区別しやすくなるでしょう。なお、Microsoftアカウントでのサインインをしなくてもプロファイルを設定できますが、異なる端末間で内容を同期したい場合は、サインインする必要があります。

●プロファイルを追加する

標準ではプロファイル1が設定されています。

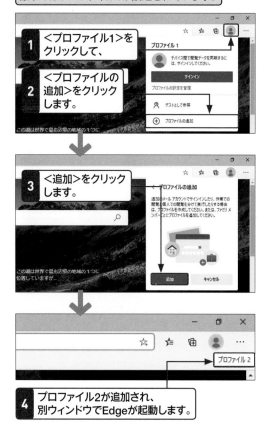

1 <プロファイル1>をクリックして、

2 <プロファイルの追加>をクリックします。

3 <追加>をクリックします。

4 プロファイル2が追加され、別ウィンドウでEdgeが起動します。

●プロファイルの情報を変更する

1 「設定」画面を表示します。

2 設定を変更したいプロファイルの<その他のアクション>をクリックし、

3 <編集>をクリックします。

4 プロファイル名を入力して、

5 好きなアイコンをクリックし、

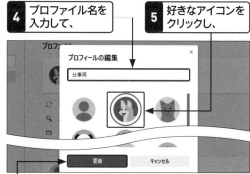

6 <更新>をクリックします。

7 設定が変更されます。

ここからプロファイルを切り替えることができます。

8 タスクバーのEdgeにも、プロファイルのアイコンが表示されます。

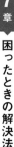

Q24 フィッシング詐欺のメールを見極めるコツは？

A メールの送信者をよく確認しましょう。

なりすましなど、不正なメールを見分ける方法の1つに、メールのドメイン名を確認する方法があります。「ドメイン名」とは、メールアドレスの「@」より右の部分のことで、インターネット上の住所のようなものです。たとえばメールアドレスが「taro@example.co.jp」の場合、「taro」がユーザー名、「example.co.jp」がドメイン名になります。Windows 10 に付属する「メール」アプリの場合、差出名の右側にメールアドレスが表示されます。正しいドメイン名か、下の手順で確認しましょう。

また、メッセージ内のURLをむやみにクリックしないことも詐欺被害の対策として有効です。メッセージ内のリンクにマウスポインターを合わせると、URLがポップアップ表示されます。不自然なURLが表示された場合は、クリックしないようにしましょう。

1 メールの差出人名の右側にメールアドレスが表示されます。

2 ブラウザーでドメイン名を検索し、正しいドメイン名か確認しましょう。

Q25 見覚えのない相手からメールが送られてきた

A 迷惑メールに登録しましょう。

コンピューターウイルスの感染源や、フィッシング詐欺などの被害原因のひとつが受信メールです。迷惑メールは不特定多数に送信され、メッセージ内のファイルからウイルスをダウンロードさせたり、URLからフィッシング詐欺サイトや違法な商品の販売サイトなどに誘導されることがあります。

そうした被害に合わないためにも、Q24のように、メールの送信相手は必ず確認しましょう。メッセージの内容やメールアドレスから差出人を特定できない場合、迷惑メールに登録すると安心です。同じ差出人からのメールは、自動的に迷惑メールフォルダーに移動するようになります。

1 迷惑メールに登録したいメールを開き、

2 ＜アクション＞をクリックして、

3 ＜迷惑メールにする＞をクリックします。

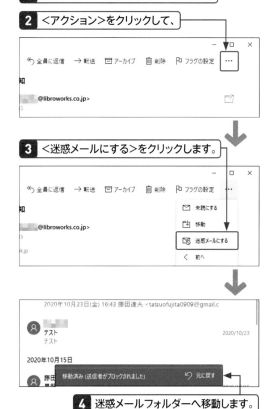

4 迷惑メールフォルダーへ移動します。

迷惑メールフォルダーに振り分けられたメールは、P.166の方法で確認できます。

第7章 困ったときの解決法

アカウントの設定を更新するように表示された

A メールアカウントの設定を確認しましょう。

Windowsを利用中、「アカウントの設定が最新ではありません。」のようなメッセージが「メール」アプリから通知されることがあります。「メール」を起動すると、問題のあるアカウントの横に⚠の表示があります。これは、パスワードを変更したあとなど、アカウントの情報が最新ではない場合に表示されるものです。以下の手順で、アカウントの情報を最新に更新しましょう。

1 「メール」アプリを起動し、

2 ⚠の表示があるアカウントをクリックします。

3 <アカウントの修正>をクリックして、

4 画面指示のとおりに操作し、アカウントを最新に更新します。

メール上の画像が表示されない

A 画像を自動ダウンロードする設定にします。

メールには、本文にWeb上の画像や書式を挿入できるHTML形式と、文字のみで構成されるテキスト形式があります。Windows 10の「メール」アプリは、HTML形式のメールを送受信できます。標準では、メッセージ内の画像や書式を自動的にダウンロードして表示する設定になっていますが、これがオフになっていると、画像の表示がブロックされます。解除するには、以下のように設定しましょう。

メール内の画像が表示されていません。

1 「設定」画面を表示し、<閲覧ウインドウ>をクリックして、

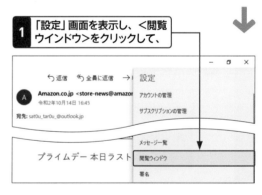

2 ここをクリックします。

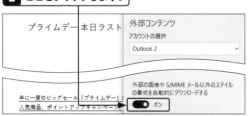

メールを開き直すと、画像が表示されます。

Q 28 容量の多いファイルを相手に送りたい

A 圧縮や各種サービスを利用しましょう。

写真や動画、複数のファイルなど、容量の大きいデータをメールに添付すると、容量制限により送信できないことがあります。容量の大きいデータはネットワークの負荷になることはもちろん、相手のメールサーバーの容量も圧迫してしまいます。容量が大きいデータを送りたい場合は、以下のいずれかの方法で送信しましょう。

- データを圧縮して、容量を小さくする
- 送信側と受信側で同じクラウドサービス（OneDriveやGoogle Driveなど）を利用し、クラウド上の共有フォルダーにデータをアップロードする
- データ転送サービスを利用する。送信側はデータがアップロードされているサーバーのURLを受信側に送り、受信側はURLを開いてデータをダウンロードする

●ファイルを圧縮する

1 圧縮したいファイルまたはフォルダーを右クリックし、

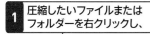

2 ＜送る＞をクリックして、

3 ＜圧縮（zip形式）フォルダー＞をクリックします。

4 フォルダーが圧縮されます。

●データ転送サービスで送る

ここでは、データ便（https://www.datadeliver.net/）を利用します。

1 送りたいファイルをここにドラッグ＆ドロップして、

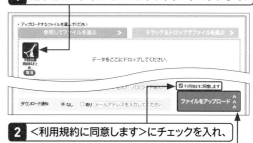

2 ＜利用規約に同意します＞にチェックを入れ、

3 ＜ファイルをアップロード＞をクリックします。

4 ダウンロード用URLが発行されたら、＜COPY＞を押してメールに貼り付けます。

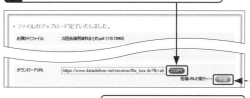

短縮したURLに変更できます。

●データをダウンロードする

1 届いたメールに記載されているURLをクリックして、

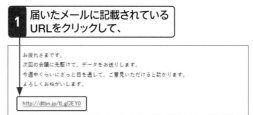

2 利用規約に＜同意する＞をクリックし、

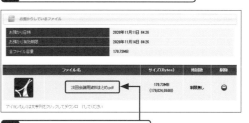

3 ファイル名をクリックするとダウンロードされます。

Q 29 スタート画面から「メール」アプリが消えてしまった

A 状況に合わせて対処しましょう。

スタート画面は、左側にアプリ一覧が表示され、右側にはタイル形式でアプリが表示されます。よく使うアプリをタイル形式で登録しておくと、アプリを探す手間が省け、起動が楽になります。アプリをタイルに登録するには、左側のアプリ一覧より登録したいアプリを右クリックし、＜スタートにピン留めする＞をクリックします。

この右側のタイルに登録していたはずの「メール」アプリが消えてしまった場合、なんらかの形でピン留めを外してしまったことが考えられます。以下の方法で再度ピン留めしましょう。

左側のアプリ一覧からも「メール」アプリが消えてしまった場合、アプリ自体アンインストールされていると考えられます。「Microsoft Store」アプリから無料インストールできるため、再度インストールしましょう。インストール後はサインインが必要です。なお、「メール」アプリをアンインストールすると、「カレンダー」アプリもアンインストールされます。

●「メール」アプリをピン留めする

1 アプリ一覧より「メール」アプリを探し、右クリックします。

2 ＜スタートにピン留めする＞をクリックすると、

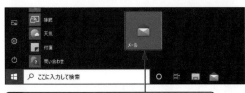

3 タイルに「メール」アプリが表示されます。

●「メール」アプリを再インストールする

1 スタートメニューの「Microsoft Store」をクリックします。

「Microsoft Store」アプリが起動します。

2 ＜検索＞をクリックし、

3 「メール」と入力してEnterキーをクリックします。

4 「メール/カレンダー」アプリを探してクリックし、

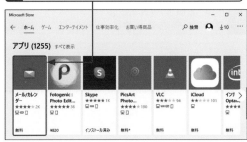

5 ＜入手＞をクリックします。

6 インストールが終わると、スタートメニューのアプリ一覧に「メール」アプリが復活します。

Q 30 画面右下に通知が表示されないようにしたい

A 通知を停止するか、一時的に非表示にすることができます。

パソコンを操作していると、「メール」や「設定」などのアプリからの通知が画面の右下に表示されることがあります。これらのアプリからの通知が煩わしく感じられる場合、通知を停止することができます。アプリからの通知を止めるには、すべてのアプリからの通知を停止する方法と、個別のアプリごとに通知を停止する方法があります。また、「集中モード」を設定することで、一時的に通知を非表示にすることが可能です。

●アプリからの通知を停止する

1 「設定」アプリを起動し、＜システム＞をクリックします。

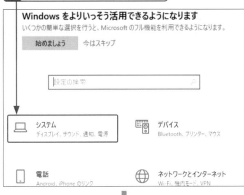

2 ＜通知とアクション＞をクリックします。

＜アプリやその他の送信者からの通知を取得する＞をオフにすると、すべてのアプリからの通知を停止します。

下部にスクロールして、アプリごとに通知を受信するか設定することもできます。

●集中モードで通知を非表示にする

1 画面右下の＜アクションセンター＞をクリックし、

2 ＜集中モード＞をクリックします。

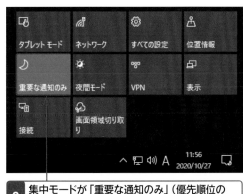

3 集中モードが「重要な通知のみ」（優先順位の一覧で選択した通知のみ表示）に設定されます。

4 もう一度クリックすると、「アラーム＆クロック」アプリを利用したアラームの通知のみ表示される「アラームのみ」に設定されます。

Appendix

Microsoftアカウントを作成・利用する

Microsoft アカウントを利用すると、マイクロソフト社が提供するクラウドサービスなどを利用できます。ここでは、「設定」画面から Microsoft アカウントを新規作成する手順について解説します。また、ローカルアカウントを、すでに所有している Microsoft アカウントに切り替える手順についても解説します。

1 「設定」画面を表示する

メモ Microsoft アカウントを作成する

マイクロソフト社が運営するインターネット上のサービスを使うには、Microsoft アカウントが必要です。Microsoft アカウントは、無料で作成できます。Microsoft アカウントを作成するには、右の手順に従ってMicrosoft アカウントの作成ページを表示し、ユーザー名や生年月日などの情報を入力します。

1 ＜スタート＞ボタンをクリックして、 **2** ＜設定＞をクリックすると、

3 「設定」画面が表示されます。

キーワード 「設定」画面

「設定」画面は、ディスプレイや通知、アカウントなど、パソコンの設定を行うための機能をまとめた画面です。「設定」画面を表示するには、＜スタート＞ボタンをクリックして、＜設定＞をクリックします。

4 ＜アカウント＞をクリックすると、「アカウント」画面が表示されます。

2 Microsoftアカウントを取得する

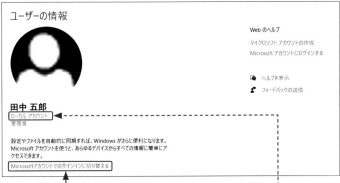

「ローカルアカウント」と 表示されています。

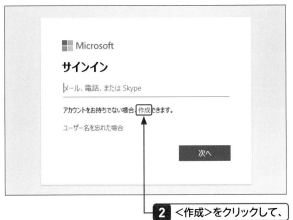

2 <作成>をクリックして、

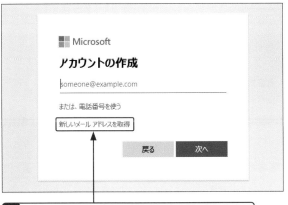

3 <新しいメールアドレスを取得>をクリックします。

メモ 初回起動時に作成する

Microsoftアカウントは、Windows 10がインストールされたパソコンをはじめて起動したときに作成していることもあります。パソコンを家族で共有している場合などは、パソコンの所有者に確認してください。

ヒント Webページから取得する

Microsoftアカウントは、マイクロソフト社のWebページや、Microsoftアカウントが必要なアプリからも作成できます。

1 Microsoft.comへのサインイン画面（signup.live.com）を表示して、

2 <新しいメールアドレスを取得>をクリックし、表示される画面の指示に従います。

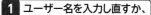

ヒント ユーザー名が重複している?

手順**4**では、希望のユーザー名を入力します。このユーザー名が、メールアドレスの「@」より左側の部分になります。なお、ほかのユーザーがすでに使用しているユーザー名は設定できません。ユーザー名がほかのユーザーと重複している場合は、その旨を伝えるメッセージが表示されるので、<次の中から選んでください>をクリックすると表示される一覧から選択するか、ほかのユーザー名を入力し直します。

1 ユーザー名を入力し直すか、

2 <次の中から選んでください>をクリックし、

3 希望のメールアドレスをクリックします。

4 希望のユーザー名を入力して、

5 @以下のアドレスを選択して（ここでは「@outlook.jp」）、

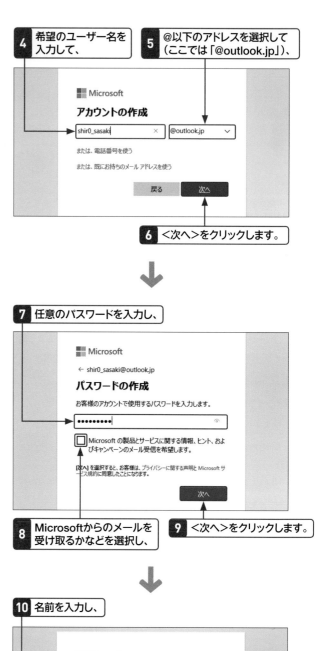

6 <次へ>をクリックします。

7 任意のパスワードを入力し、

8 Microsoftからのメールを受け取るかなどを選択し、

9 <次へ>をクリックします。

10 名前を入力し、

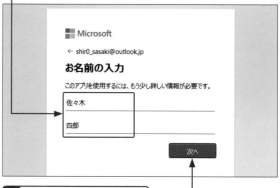

11 <次へ>をクリックします。

12 国/地域を選択して、

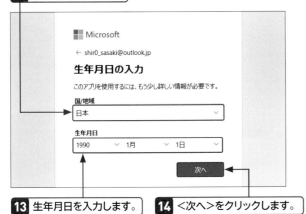

13 生年月日を入力します。

14 <次へ>をクリックします。

15 現在のWindowsパスワードを入力し、

16 <次へ>をクリックします。

メモ アカウントの種類を確認する

パソコンにサインインしているアカウントの種類は、「ユーザーの情報」で確認できます。ローカルアカウントの場合は、ユーザー名の下に「ローカルアカウント」と表示されます。Microsoftアカウントの場合は、ユーザー名の下にメールアドレスが表示されます。

Microsoftアカウントの場合は、メールアドレスが表示されます。

メモ アカウントを追加する

同じパソコンを複数のユーザーが使用する場合、ユーザーごとにアカウントを新規で追加すると便利です。スタートメニューから「設定」画面を表示し、<アカウント>→<家族とその他のユーザー>をクリックします。「他のユーザー」の項目にある<その他のユーザーをこのPCに追加>をクリックし、画面にしたがってユーザーアカウントを追加します。

1 <家族とその他のユーザー>をクリックし、

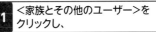

2 <その他のユーザーをこのPCに追加>をクリックします。

キーワード PINコード

「PINコード」は、暗証番号のことです。通常、Windows 10は、メールアドレスとパスワードを使ってサインインします。PINコードを使うと、メールアドレスとパスワードよりも素早くサインインできます。また、マイクロソフト社は、メールアドレスとパスワードでのサインインよりもPINコードでのサインインを推奨しています（下のヒント参照）。

ヒント PINコードが推奨されている

マイクロソフト社は、セキュリティ面で、メールアドレスとパスワードでのサインインよりも、PINコードによるサインインを推奨しています。ユーザー情報はインターネット上に保存されていますが、メールアドレスとパスワードでサインインしている場合、マルウェアなどの不正なプログラムによってメールアドレスとパスワードの情報が第三者に盗まれると、第三者はほかのパソコンからインターネット上のユーザー情報にアクセスできます。

PINコードでサインインしている場合は、PINコードの情報が第三者に盗まれたとしても、第三者はPINコードを使ってほかのパソコンからインターネット上のユーザー情報にアクセスすることはできないためです。

メモ PINコードをあとで設定する

アカウントの種類を切り替える手順の中でPINコードを設定したくない場合は、手順18の画面で＜キャンセル＞→＜後でPINを設定する＞をクリックします。PINコードをあとで設定するには、スタートメニューから「設定」画面を表示し、＜アカウント＞→＜サインインオプション＞の「PIN」の項目で＜追加＞をクリックすると、手順18の画面が表示されます。

「PIN」の＜追加＞をクリックします。

PIN を作成します

高速でセキュアなサインインを瞬時に作成する。これを実現するのが Windows Hello PIN です。ご使用のデバイスでのみで機能するため、オフライン状態は維持されます。

次へ

17 ＜次へ＞をクリックします。

18 PINコードに設定したい暗証番号を入力して、

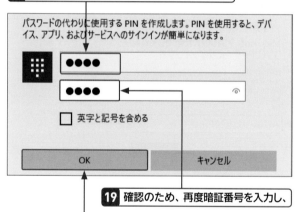

パスワードの代わりに使用する PIN を作成します。PIN を使用すると、デバイス、アプリ、およびサービスへのサインインが簡単になります。

□ 英字と記号を含める

OK　　　　　　　キャンセル

19 確認のため、再度暗証番号を入力し、

20 ＜OK＞をクリックすると、

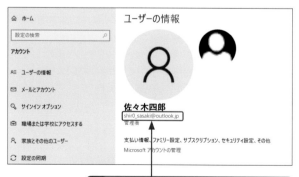

ホーム

設定の検索

アカウント

ユーザーの情報

メールとアカウント

サインイン オプション

職場または学校にアクセスする

家族とその他のユーザー

設定の同期

ユーザーの情報

佐々木四郎
shir0_sasaki@outlook.jp
管理者

支払い情報、ファミリー設定、サブスクリプション、セキュリティ設定、その他
Microsoft アカウントの管理

21 Microsoftアカウントに切り替わります。

3 ローカルアカウントをMicrosoftアカウントに切り替える

1 「設定」画面を表示し、＜アカウント＞をクリックします。

2 ＜ユーザーの情報＞をクリックして、

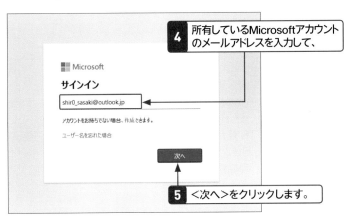

3 ＜Microsoftアカウントでのサインインに切り替える＞をクリックします。

4 所有しているMicrosoftアカウントのメールアドレスを入力して、

■ Microsoft

サインイン

shir0_sasaki@outlook.jp

アカウントをお持ちでない場合、作成できます。

ユーザー名を忘れた場合

次へ

5 ＜次へ＞をクリックします。

■ Microsoft

← shir0_sasaki@outlook.jp

パスワードの入力

●●●●●●●●

パスワードを忘れた場合

サインイン

6 所有しているMicrosoftアカウントのメールアドレスを入力して、

7 ＜サインイン＞をクリックします。

あとは、左ページと同じ手順でPINコードを設定します。

メモ　ローカルアカウントに切り替える

ローカルアカウントに切り替えるには、手順**21**の画面で＜ローカルアカウントでのサインインに切り替える＞をクリックします。

メモ　パスワードでサインインする

パスワードでサインインする場合は、パスワードの入力欄にパスワードを入力し、→をクリックします。

パスワードを入力します。

メモ　PINコードでサインインする

PINコードを設定すると、Windows 10のサインイン画面にPINコードの入力欄が表示されます。入力欄に暗証番号を入力すると、Windows 10にサインインできます。

なお、PINコードでのサインインをパスワードでのサインインに戻すには、＜サインインオプション＞をクリックします。アイコンが表示されるので、■をクリックするとパスワードでのサインイン、■をクリックするとPINコードでのサインインに切り替えることができます。

暗証番号を入力します。

索引

Index

索引

や行

ら・わ行

お問い合わせについて

本書に関するご質問については、本書に記載されている内容に関するもののみとさせていただきます。本書の内容と関係のないご質問につきましては、一切お答えできませんので、あらかじめご了承ください。また、電話でのご質問は受け付けておりませんので、必ずFAXか書面にて下記までお送りください。
なお、ご質問の際には、必ず以下の項目を明記していただきますようお願いいたします。

1　お名前
2　返信先の住所またはFAX番号
3　書名（今すぐ使えるかんたん インターネット＆メール
　　　［Windows 10対応版］［改訂3版］）
4　本書の該当ページ
5　ご使用のOSとソフトウェアのバージョン
6　ご質問内容

なお、お送りいただいたご質問には、できる限り迅速にお答えできるよう努力いたしておりますが、場合によってはお答えするまでに時間がかかることがあります。また、回答の期日をご指定なさっても、ご希望にお応えできるとは限りません。あらかじめご了承くださいますよう、お願いいたします。

問い合わせ先

〒162-0846
東京都新宿区市谷左内町21-13
株式会社技術評論社　書籍編集部
「今すぐ使えるかんたん インターネット＆メール
［Windows 10対応版］［改訂3版］」質問係
FAX番号　03-3513-6167

https://book.gihyo.jp/116

■お問い合わせの例

FAX

1　お名前
　　技術　太郎

2　返信先の住所またはFAX番号
　　03-XXXX-XXXX

3　書名
　　今すぐ使えるかんたん
　　インターネット＆メール
　　［Windows 10対応版］［改訂3版］

4　本書の該当ページ
　　38ページ

5　ご使用のOSとソフトウェアのバージョン
　　Windows 10
　　Microsoft Edge

6　ご質問内容
　　手順2の操作をしても、手順3の
　　画面が表示されない

※ご質問の際に記載いただきました個人情報は、回答後速やかに破棄させていただきます。

今すぐ使えるかんたん インターネット＆メール
［Windows 10対応版］［改訂3版］

2015年12月25日　初版　　第1刷発行
2021年 2月 4日　第3版　　第1刷発行

著　者●リブロワークス
発行者●片岡　巖
発行所●株式会社 技術評論社
　　　　東京都新宿区市谷左内町21-13
　　　　電話　03-3513-6150　販売促進部
　　　　　　　03-3513-6160　書籍編集部
装丁●田邉恵里香
本文デザイン●リンクアップ
編集／DTP●リブロワークス
担当●早田　治
製本／印刷●大日本印刷株式会社

定価はカバーに表示してあります。

ISBN978-4-297-11851-8 C3055
Printed in Japan